AF562019

Eckart Schörle

Eine kleine Geschichte der Telefonzelle

ISBN-13: 978-3-926341-48-8

1. Auflage 8.2019

IG-Wolfsberg · 72202 Nagold
www.schoerle.de

Cover und Illustration: Hajo Schörle
Bild- und Kunst Urheber Nr. 412 646

Inhalt

Abschied von der Telefonzelle	7
Vom Telefon zum Telefonhäuschen	11
Die Einführung der Münzfernsprecher	21
Der Weg zum Normhäuschen	29
Das Häuschen im öffentlichen Raum	37
Postgelb oder Magenta-Design	43
Vom Münzfernsprecher zum Kartentelefon	51
Telefonhäuschen in der DDR	61
Die Telefonzelle im Film	71
Spurensuche und Sammlungen	83
Das Verschwinden der Telefonzelle	93
Rettet die Telefonzellen	105
Literatur	115

Abschied von der Telefonzelle

Vor einigen Jahren ging ein Aufschrei durch England, als die traditionellen roten Telefonhäuschen abgeschafft werden sollten. Inzwischen sind auch die gelben Telefonzellen in Deutschland fast vollständig aus dem Stadtbild verschwunden. Im Frühjahr 2019 verkündete die Telekom den Abbau der letzten von ihr offiziell betriebenen gelben Telefonzelle in Deutschland.

Heute finden sich meist – wenn überhaupt – nur noch kahle Telefonsäulen aus Stahl, kombiniert mit der Telekomfarbe Magenta. Wind und Wetter sowie störende Umgebungsgeräusche werden durch die mal an einer, mal an zwei Seiten angebrachten Glasscheiben kaum abgehalten. Auch das schützende Dach wurde durch eine Glasscheibe ersetzt oder gleich ganz weggelassen.

Parallel mit dem Siegeszug von Handy und Smartphone ist die schützende Außenhaut, die das private Gespräch vom öffentlichen Raum abtrennte, verschwunden. Sowohl die Gespräche am Münzfernsprecher – heute meist mit Telefonkarten zu bedienen – als auch die Handygespräche sind öffentlich geworden. Die Umgebung nimmt willentlich oder unwillentlich an den Unterhaltungen teil. Das Telefonhäuschen, das einst auch außerhalb der eigenen vier Wände die Privatsphäre im öffentlichen Raum schützte, wird zu einem Überbleibsel einer vergangenen Epoche. Dies mag einer der Gründe dafür sein, dass wir heute mit nostalgischen Gefühlen an die Zeit der alten Telefonzellen zurückdenken.

Die heutigen Digital Natives nehmen dagegen den Verzicht auf die eigene Privatsphäre nicht zwangsläufig als Verlust wahr und geben Persönliches auf Social-Media-Plattformen wie Facebook, Instagram oder Snapchat mehr oder weniger selbstverständlich preis. Eine Entwicklung, die auch für den öffentlichen Raum nicht ohne Folgen bleibt.

Dieses Buch geht der Geschichte der Telefonzelle vom Beginn bis zu ihrem Verschwinden nach. Die ersten öffentlichen Fernsprecher wurden in der Börse oder in Hotels installiert, später folgte der Schritt nach draußen auf die öffentlichen Plätze. Um die Gespräche von der Umgebung abzuschirmen, entwarf man Telefonhäuschen, die den Telefonierenden ein schützendes Dach boten. Die folgenden Kapitel laden Sie ein zu einem abwechslungsreichen Streifzug durch über einhundert Jahre Telefonzellengeschichte und -geschichten.

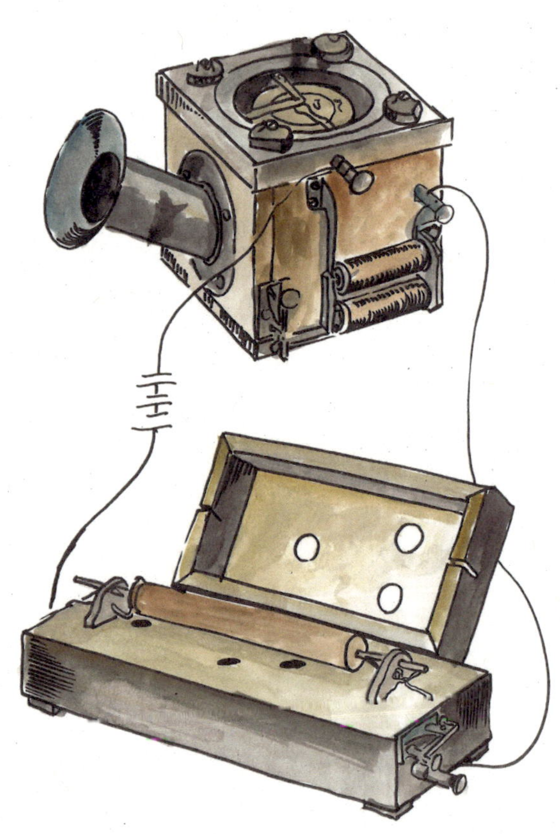

Vom Telefon zum Telefonhäuschen

Die Geschichte des Telefons ist untrennbar mit zwei Namen verbunden: Reis und Bell. Generationen haben darüber gestritten, wem von beiden die Erfindung des Telefons zuzuschreiben ist. Diese Debatte war zum einen von einer Technikgeschichte geprägt, die sich nur auf die großen Momente der Erfindungen konzentrierte, die sozialgeschichtlichen Entwicklungen aber vernachlässigte, auf deren Basis sie möglich, denkbar und wirkmächtig werden konnten. Zum anderen stand lange die nationalgeschichtliche Frage im Vordergrund, welches Land den Erfinder hervorgebracht hat, dem wir eine der bedeutendsten technischen Geräte des 20. Jahrhunderts zu verdanken haben: Deutschland oder Amerika, das alte Europa oder die Neue Welt mit ihren scheinbar unbegrenzten Möglichkeiten?

Die Geschichte der Erfindung des Telefons lässt sich an vielen Stellen ausführlich nachlesen. Hier sollen deshalb einige Anmerkungen und Beobachtungen genügen. Welche umwälzenden Auswirkungen der neue Sprechapparat auf die menschliche Kommunikation des 20. Jahrhunderts haben würde, ahnten die Erfinder damals nicht.

Johann Philipp Reis (1834–1874), ein Lehrer aus dem hessischen Friedrichsdorf, hatte 1852 ein künstliches Ohr entwickelt, um in seinem Schulunterricht die Funktion des menschlichen Gehörs zu veranschaulichen. Diese Ohrmuschel war der erste Schritt auf dem Weg zur Sprachübermittlung durch elektrischen Strom. Mehrere Jahre arbeitete er an der Entwicklung eines entsprechenden Apparates. 1861 stellte Reis sein Gerät, dem er den Namen »Telephon« gab, dem Fachpublikum erstmals im Physikalischen Verein in Frankfurt am Main mit der Übertragung einer musikalischen Darbietung vor (Bild S. 10). Zuvor war in Friedrichsdorf bei einer Demonstration im kleineren Kreis der berühmt gewordene erste telefonisch übermittelte Satz gefallen: »Das Pferd frisst keinen Gurkensalat.« – Damit deutete sich bereits an, dass diese revolutionäre Erfindung künftig nicht allein dem Austausch wichtiger und nützlicher Informationen vorbehalten sein sollte.

Reis hatte den ersten Apparat konstruiert, der die menschliche Sprache elektrisch übertragen konnte. Dies geschah allerdings nur in eine Richtung, ein wechselseitiges Telefongespräch war mit dem Apparat noch nicht möglich. Weil das

Gerät noch nicht ausgereift war, entwickelte er es kontinuierlich weiter und ließ Kopien seiner Modelle in der Fachwelt verbreiten. Die öffentliche und wissenschaftliche Resonanz blieb allerdings gering. So lehnte beispielsweise Johann Christian Poggendorff (1796–1877) anfangs die Bekanntmachung der Erfindung in seiner renommierten Fachzeitschrift »Annalen der Physik und Chemie« ab. Reis starb 1874 verbittert und erlebte nicht mehr, wie ein weiterer Erfinder auf den Plan trat.

Der Schotte Alexander Graham Bell (1847–1922) wollte einen Sprechapparat für Gehörlose entwickeln und kannte auch ein Modell des Reis'schen Telefons. Der Sohn eines Professors für Vokalphysiologie war mit seinen Eltern nach Kanada gezogen und arbeitete dort als Taubstummenlehrer. 1875 konstruierte er das erste für den praktischen Betrieb brauchbare Telefon. Seine Erfindung ließ er sich 1876 als »Apparat für die telegraphische Übertragung von sprachlichen und anderen Tönen« patentieren.

Weniger bekannt ist, dass sich zeitgleich auch der französische Physiker Charles Bourseul (1829–1912) mit der Übertragung der menschlichen Stimme über Draht beschäftigte. Er war auf dem richtigen Weg, hatte mit der experimentellen Umsetzung aber keinen Erfolg.

Der Physiklehrer Elisha Gray (1835–1901) aus Chicago entwickelte ebenfalls einen Telefonapparat, hatte jedoch das Pech, dass er erst zwei Stunden nach Bell auf dem Patentamt war.

Im Wesentlichen hat man sich bei der Einordnung der Erfindungen heute darauf geeinigt, dass Reis zwar der erste war und wichtige Grundlagen schuf, Bell jedoch die weiteren Nutzungsmöglichkeiten im Blick hatte und sich bei der Patentanmeldung und der kommerziellen Nutzung geschickter zeigte. Reis ging es nach dieser Interpretation in erster Linie um die Anerkennung in der Wissenschaft, während Bell mit der kommerziellen Verwertung erfolgreich war. Aber vielleicht ist auch diese Einteilung in das kapitalistische Amerika und das scheinbar nur am wissenschaftlichen Fortschritt interessierte Europa ein wenig zu einfach. Jedenfalls war Bell Gründer der Bell Telephone Company und am 25. Januar 1878 konnte in New Haven (Connecticut) die erste öffentliche Fernsprechanlage ihren Dienst aufnehmen.

Der Soziologe Stefan Kaufmann weist darauf hin, dass die Idee des Telefons bzw. der Telekommunikation schon sehr viel älter war und ins 17. und 18. Jahrhundert zurückreicht. Vor der tatsächlichen Erfindung habe daher die kulturelle Erfindung gestanden. Bevor die elektrische Übermittlung von Sprache und Tönen (via Tele-phon) an Bedeutung gewann, dominierte noch die Fernkommunikation auf Basis der Schrift (via Tele-graph) das Geschehen. 1848 konnte die erste große deutsche Telegrafenlinie zwischen Berlin und Frankfurt am Main in Betrieb genommen werden. Ein entscheidender Unterschied zwischen der Telegrafie und der Telefonie lag darin, dass letztere technisch von jedem und jeder genutzt werden konnte, während in der telegrafischen Übermittlung Fachleute für die Bedienung erforderlich waren. Erst Ende des 19. Jahrhunderts wurden die ländlichen Telegrafenanstalten zu öffentlichen Sprechstellen umgewandelt.

Das Telefon kam zunächst eher als unterhaltsame Spielerei zum Einsatz – eine interessante Parallele zur Einführung neuer Computertechniken und -geräte in unserer Zeit – und feierte etwa auf Jahrmärkten Erfolge. Weitere Verwendung fand der Apparat bei der Übertragung von Opern in Telefonkabinette, beispielsweise das »Theatrophon« in der Berliner Urania, wo das Publikum die Aufführung zumindest akustisch auch außerhalb des Operngebäudes verfolgen konnte. Diese vergessene Praxis war um die Jahrhundertwende sehr populär und noch bis nach dem Ersten Weltkrieg verbreitet. Erst das Radio verdrängte diese Art der musikalischen Übertragung.

Man kann also sagen, dass das Telefon anfangs nicht in erster Linie für die wechselseitige Kommunikation genutzt wurde, sondern als einseitig ausgerichtetes Radio Einzug in den Alltag hielt. Auf der anderen Seite wurde es – wie bei der Telegrafie – für die Weitergabe von Nachrichten oder Befehlen verwendet. Auch hier handelte es sich demnach um eine einseitige Kommunikationsrichtung. Das dialogische Telefonieren war noch ungewohnt und musste in der Praxis erst eingeübt werden. Die im realen Leben sichtbaren Hierarchien im Militär und der Gesellschaft waren am Telefon plötzlich unsichtbar, genauso wie das Salutieren und Zusammenschlagen der Hacken bei der Entgegennahme eines Befehls.

In Deutschland machte sich Generalpostmeister Heinrich von Stephan (1831–1897) für die neue Technik stark. Das erste »Ortsgespräch« wurde am 26. Oktober 1877 mit einem Bell-Apparat in Berlin geführt. Unternehmer Werner von Siemens (1816–1892) begann mit der Produktion der »Fernsprecher« – ein Begriff, den Heinrich von Stephan als amtliche Bezeichnung für das Telefon geprägt hatte.

Die Einführung des Fernsprechers war allerdings kein Selbstläufer, Heinrich von Stephan musste viel Überzeugungsarbeit für das neue Kommunikationssystem leisten. Staatliche Stellen, das Militär und private Unternehmen gehörten zu den Ersten, die die neue Möglichkeit nutzten. Die Reichweite war noch sehr begrenzt, denn wen sollte man angesichts der überschaubaren Zahl der Telefonbesitzer anrufen? Es handelte sich um ein exklusives Gerät für wenige, die breitere Öffentlichkeit hatte keinen Zugang. Das Telefon war anfangs ein Luxusgut. Dieser Zustand änderte sich mit den öffentlich zugänglichen Telefonstellen in den Postämtern. Zur Stadtfernsprechanlage in Berlin, die am 12. Januar 1881 ihren Betrieb aufnahm, gehörten auch zwei öffentliche Sprechstellen: Eine befand sich im Postamt Unter den Linden, die andere am Leipziger Platz. Im selben Jahr erschien auch das erste Berliner Telefonbuch mit knapp einhundert Einträgen. Weitere öffentliche Sprechstellen folgten in den 1880er-Jahren in Hamburg, Stuttgart und München.

Die ersten Telefonkabinen waren aus Holz und nur für den Einsatz im Gebäudeinneren gedacht. Die Zellentüren mussten

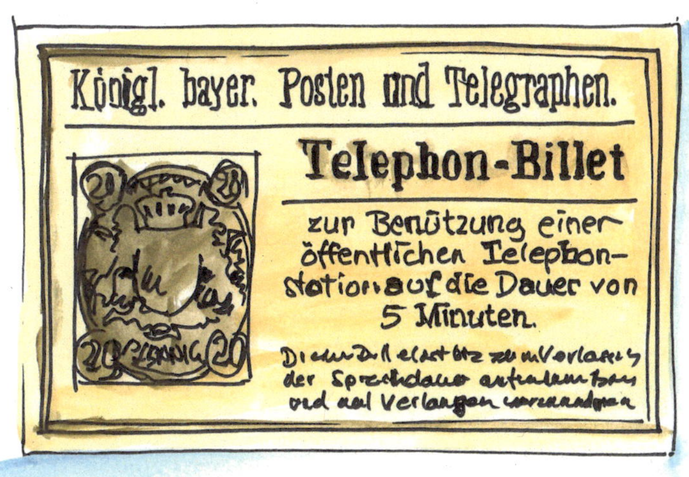

geschlossen werden, um ungestört von den Außengeräuschen telefonieren zu können. Wer die Sprechstelle nutzen wollte, kaufte am Schalter des Postamtes für 50 Pfennig einen Fernsprechschein und durfte damit fünf Minuten telefonieren. Die nummerierten Berechtigungsscheine wurden bei Gebrauch abgestempelt oder an einer Ecke abgerissen. 1891 wurden »Telephon-Billets« mit Wertzeicheneindruck eingeführt – quasi die Vorläufer der Telefonkarte (Bild S. 17). Da nach wie vor kaum jemand über einen privaten Telefonanschluss verfügte, konnte man den gewünschten Gesprächspartner gegen eine zusätzliche Gebühr herbeirufen lassen. Über einen Boten wurde dieser dann zum gewünschten Zeitpunkt an die gewünschte Sprechstelle beordert.

Ein Nachteil bestand darin, dass immer eine Person vor Ort die Gebühr kassieren musste. Um das Verfahren zu vereinfachen, erhielt der Sprechapparat nun ein spezielles Gehäuse, in das man erst durch den Einwurf einer Münze Zutritt erhielt. Die Dauer und Anzahl der Telefonate konnte dann allerdings nicht mehr kontrolliert werden. So war die Gebühr immer gleich, auch wenn man den Telefonpartner nicht erreichte oder gleich mehrere Gespräche führte.

Zunächst fanden die Telefonkabinen in der Geschäftswelt Eingang, beispielsweise an der Börse. Hier sollten Nachrichten über die wirtschaftlichen Entwicklungen möglichst rasch weitergegeben werden können. Die ersten Geräte verlangten eine hohe Eingabelautstärke, eine gut gedämmte Zelle war daher im Stimmengewirr des Börsenparketts durchaus angebracht, erklärt Klaus Klemp, zumal man die Inhalte des Gesprächs vor ungewünschten Zuhörern abschirmen wollte. Auch in den Büros von Bankiers oder Unternehmern befand sich das Telefon meist in schallisolierten Kabinen. Die Außenwände waren zehn Zentimeter dick, die Innenwand war mit leichtem Baumwollstoff ausgekleidet. Beleuchtet wurde das Innere der Zelle von außen mit einer Gasflamme durch ein kleines Fenster an der Seitenwand. Für den Außeneinsatz bei Wind und Wetter waren diese Konstruktionen nicht geeignet.

Als nächste richteten Gastwirte und Hoteliers Fernsprechkabinen für ihre Kundinnen und Kunden ein. Wer hier angerufen und ans Telefon gebeten wurde, konnte damit auch seinen sozialen Status beziehungsweise seine Wichtigkeit demonstrieren: eine Szene, die häufig in alten Schwarzweißfilmen zu sehen ist, wenn der Hotelpage mit einem Schild durch die Reihen der Gäste schreitet und mit dem Verkünden des Namens nicht nur dem Angerufenen, sondern auch allen anderen mitteilt, welche wichtige oder vermeintlich wichtige Person hier am Telefon verlangt wird. Die Fernsprecher machten die Wirtschaften und Kaffeehäuser auch attraktiver, besonders für jene Gäste, die sich kein eigenes Telefon leisten konnten – und das war die überwiegende Mehrheit.

Die Einführung der Münzfernsprecher

Einen entscheidenden Durchbruch in der Geschichte der Telefonzelle stellte die Entwicklung des Münzfernsprechers dar. In den USA hatte man das erste Münztelefon bereits 1885 in Betrieb genommen. In Deutschland sieht Dirk Bösterling die Anfänge des Münzfernsprechers in der »selbstkassierenden Fernsprechstelle«, die das Berliner Unternehmen Mix & Genest 1887 beim Patentamt anmeldete und zwei Jahre später auf den Markt brachte (Bild S. 20). Im Jahr 1891 ließ sich die Firma eine weiterentwickelte »Vorrichtung zur selbstthätigen Gebührenerhebung bei Fernsprechstellen« patentieren. Diese Geräte waren nicht mehr auf das Personal der Postämter angewiesen und konnten auch in öffentlich zugänglichen Gebäuden wie Markthallen oder Wartesälen aufgestellt werden. Ein 10-Pfennig-Stück wurde in das Gerät gesteckt, aber erst bei erfolgreicher Vermittlung eingezogen. Andersfalls konnte das Geldstück wieder herausgenommen werden. Bei einem Gespräch in einen Vorort verlangte das Amt den Einwurf einer weiteren Münze.

1899 führte die Reichspost das sogenannte Groschentelefon ein. Beim Abheben des Hörers wurde automatisch die Verbindung zum Amt hergestellt, das den Gesprächswunsch entgegennahm. Bei erfolgreicher Vermittlung an einen Fernsprechteilnehmer folgte die Aufforderung zum Einwurf der Münze. Diese rollte über zwei Laufbahnen aus Messingschienen und erzeugte dabei ein surrendes und in der Mitte beim Wechsel der Schienen kurz unterbrochenes Geräusch, das über die Leitung ins Amt übertragen wurde. Daraufhin schaltete sich die Vermittlungsanstalt aus und überließ den beiden Teilnehmenden das Gespräch.

Sammler- und Interessen-Gemeinschaft für das historische Fernmeldewesen e. V.

Zahlreiche Vereine haben sich um die Erforschung der Technikgeschichte des Telefonierens verdient gemacht. Hervorzuheben ist das beachtliche Engagement der 1992 gegründeten Sammler- und Interessen-Gemeinschaft für das historische Fernmeldewesen e. V. (www.sig-telefon.de), die in Hamburg ansässig, aber bundesweit aktiv ist. In akribischer Arbeit haben die Mitglieder des Vereins die Entwicklung der Gerätetypen recherchiert und mit dem zweibändigen

Werk »Das Telefon und seine Entwicklung« (1995 und 1998) eine umfassende Chronik der amtlichen Fernsprecher vorgelegt. Zehn Jahre später gab der Verein eine ebenfalls detaillierte Geschichte der Münzfernsprecher heraus, in der Dirk Bösterling die deutschen Münzfernsprecher von den Anfängen bis zur Gegenwart vorstellt. Wer vertiefende Fragen zur technischen Entwicklung der Münzfernsprecher und der Funktionsweise bestimmter Modelle hat, wird in diesem Band die Antworten finden: »Münzfernsprecher. Eine Zusammenstellung der deutschen Münzfernsprecher von 1881 bis 2006« (2008).

Bei anderen Modellen erkannte die Vermittlungsbeamtin die Echtheit des Geldstücks am Klang der fallenden Münze. Diese schlug nach dem Einwerfen gegen eine Glocke, die ein entsprechendes Signal für die erfolgte Zahlung an die Vermittlungsstelle übertrug. Die Reichspost verlangte um 1900 10 Pfennig für ein Gespräch in der Stadt und 20 Pfennig im Vorortverkehr. Dafür erhielten die Kundinnen und Kunden drei Minuten Gesprächszeit. Für 50 Pfennig konnte man fünf Minuten telefonieren. Eine Variante des Münzfernsprechers war der Wandapparat mit einer zusätzlichen Kassiervorrichtung. Der kleine Kasten verfügte über einen Schlitz, in den die Nutzer nach Aufforderung durch das Amt ein 10-Pfennig-Stück einwerfen mussten. Nach Betätigung eines Hebels durchlief die Münze eine Geldrinne und löste ein akustisches

Signal aus, das den Zahlvorgang bestätigte. Eine zu dünne oder abgeschliffene Münze rollte über einen Anschlag hinweg und fiel wieder heraus. Ein solches Gerät führte beispielsweise 1908 die Berliner Telephon-Apparate-Fabrik E. Zwietusch ein.

Bei der selbstkassierenden Sprechstelle des Münchner Unternehmens P. Hauser von 1921 war der Münzeinwurf in das Gerät integriert. Dieser Apparat war mit einem Vorläufer der runden Nummernwählscheibe ausgestattet, bei dem die Nummern alle auf der rechten Seite angeordnet waren, sodass er einem Schlagring ähnelte. In den 1920er-Jahren setzte sich bei den öffentlichen Münzfernsprechern die runde Wählscheibe durch, etwa bei dem 1922 eingeführten Gerät der Firma Zwietusch. Da diese Technik noch ungewohnt war, befand sich auf dem Modell von 1926 eine genaue Gebrauchsanweisung: »1. Münze hier einwerfen, 2. Hörer abheben, 3. Nummer wählen, 4. Bei Meldung des Teilnehmers roten Knopf durchdrücken. Bei Meldung des Amtes Anweisung abwarten, 5. Wenn keine Antwort, Hörer anhängen und Münze hier herausnehmen, 6. Nach Schluß des Gesprächs Hörer anhängen.«

Immer wieder versuchten die Nutzer, die Automaten auszutricksen. So warfen sie beispielsweise statt der 10-Pfennig-Münze eine plattgeschlagene 2-Pfennig-Münze in den Apparat. Mit dieser Art des Missbrauchs befasste sich in den 1930er-Jahren sogar eine juristische Abhandlung: Theodor Schmitz versuchte in seiner Dissertation »Der Münzfernsprecher-Betrug« (1936) zu klären, worin genau der Betrug aus juristischer Perspektive bestand.

Eine mögliche Absicherung gegen Betrugsversuche bestand in der Verwendung speziell geformter Fernsprechmünzen mit rillenförmigen Aussparungen. Diese wurden im Zuge der Gebührenerhöhung am 1. Oktober 1921 eingeführt, nachdem man die Kassiervorrichtungen und Einwurfschlitze ausgewechselt hatte. Am Münzfernsprecher fanden sich Hinweise auf die Verkaufsstellen in der näheren Umgebung. So konnten die Apparate auch in der Zeit der Hyperinflation 1923 noch genutzt werden. Allgemein setzten sich die Fernsprechmünzen allerdings nicht durch, stattdessen versuchten die Hersteller die Technik der Münzerkennung zu optimieren.

Der 1927 eingeführte Münzfernsprecher der in Berlin ansässigen C. Lorenz AG akzeptierte 5-, 10- und 50-Pfennig- sowie 1-Reichsmark-Stücke. An diesem Gerät, das aus einem kleinen Wandapparat mit Wählscheibe und Telefonhörer sowie einem großen Kassiergehäuse bestand, konnten auch Ferngespräche geführt und kostenlose Notrufe getätigt werden. Die fallenden Münzen erzeugten verschiedene Signale (Gong, Glocke) und übertrugen diese über Mikrofone an das Amt. Die Kassiervorrichtung verfügte über einen Zahlknopf und einen Rückgabeknopf. Bei einer Variante, welche die Firma im selben Jahr einführte, war die Zahlvorrichtung in den Telefonapparat integriert, die Wählschreibe war oben auf dem Gehäuse angebracht. Zwietusch änderte diese Anordnung und brachte 1928 die Wählscheibe an der Frontseite an, den Münzeinwurf oben auf dem Gerät. Neu war auch die mit einer Klappe abgedeckte Geldrückgabeschale.

Um diese vergleichsweise teuren Geräte den Ferngesprächen vorzubehalten, entschloss sich die Reichspost 1930 zur Einführung eines preiswerteren Ortsmünzfernsprechers, der dort zum Einsatz kommen sollte, wo überwiegend Ortsgespräche geführt wurden (Bild S. 26). Der von der Firma Zwietusch produzierte Apparat kostete in der Herstellung nicht einmal die Hälfte der für den Orts- und Ferndienst aus-

gelegten Münzfernsprecher. Das Gerät konnte mit 10-Reichspfennig-Stücken genutzt werden, kassierte selbsttätig und verfügte über eine mechanische Münzprüfung. Installiert wurde der »Ortsmünzer« in Postämtern, Bahnhöfen und sonstigen öffentlichen Gebäuden, in denen zusätzlich öffentliche Münzfernsprecher für Ferngespräche vorhanden waren.

Das »Fräulein vom Amt«

Ursprünglich hatten Männer die Aufgabe der zentralen Herstellung der Telefonverbindung inne. Erst ab 1878 stellte man in den USA Frauen für die Vermittlungstätigkeit ein. Die höhere Stimmlage der Frauen war verständlicher, außerdem zeigte sich, dass die Gesprächsteilnehmer bei einer Frauenstimme weniger ungehalten waren, wenn sie beispielsweise länger auf die Verbindung warten mussten. In Deutschland wurden Frauen ab 1890 in den Vermittlungsstellen zugelassen.

Weil die Vermittlerinnen die Gespräche anfangs noch mithören konnten, gab es strenge Regeln. Die Frauen sollten zum Zeitpunkt der Einstellung zwischen 18 und 25 Jahren jung und ledig sein. Wenn sie heirateten, hatten sie den Dienst zu quittieren. In der Arbeitspraxis hatten die Frauen allerdings wenig Zeit, sich über die Anrufenden Gedanken zu machen, denn sie mussten bis zu 300 Gespräche pro Stunde vermitteln.

Fernsprecher

Der Weg zum Normhäuschen

Für die öffentlichen Fernsprecher existierten verschiedene Bezeichnungen wie Pavillon, Fernsprechzelle, Fernsprechkiosk, Fernsprechautomat oder Straßensprechstelle. Auf den Hinweisschildern fanden sich die Bezeichnungen »Öffentliche Fernsprechstelle« oder »Öffentlicher Fernsprecher«. 1927 wurde die amtliche Bezeichnung »Fernsprechhäuschen« eingeführt. Im allgemeinen Sprachgebrauch setzte sich später »Telefonhäuschen« durch, ein Begriff, den die Deutsche Bundespost erst in den 1980er-Jahren in ihren Fachjargon übernahm. Die verbreitete Bezeichnung »Telefonzelle« stellt keine offizielle Sprachregelung dar.

Die Kabinen der ersten öffentlichen Fernsprechstellen in den Post- oder Telegrafenanstalten bestanden noch aus Holz und waren nur für den Innenbereich geeignet. Eine detaillierte

Beschreibung findet sich in dem 1882 veröffentlichten Buch »Die allgemeinen Fernsprecheinrichtungen der Deutschen Reichs-Post- und Telegraphen-Verwaltung« von Postrat Carl Grawinkel. Die Gehäuse hatten eine Grundfläche von 1,30 x 1,60 Meter und waren 2,25 Meter hoch. Mit Einführung der Münzfernsprecher, die den Kassiervorgang bei den öffentlichen Telefonen automatisierten, konnte die Zahl der öffentlichen Sprechstellen deutlich erweitert werden. Nachdem 1899 in Berlin die ersten 100 Fernsprechautomaten mit Münzfunktion installiert waren, folgte die Aufstellung weiterer Geräte in über 80 deutschen Städten.

Produziert wurden die Telefonhäuschen in Deutschland von verschiedenen regionalen Unternehmen. Aus diesem Grund – so der Medienwissenschaftler Bernd Flessner in seinem Aufsatz »Eine kurze Kulturgeschichte des Telefonhäuschens« – sei die frühe Entwicklung der Häuschen von einer großen Vielfalt geprägt gewesen.

In Süddeutschland etablierte sich unter anderen die Möbelfabrik und Bautischlerei Leonhard Heydecker aus Kempten in diesem neu entstehenden Markt. Das Unternehmen hatte sieben Grundformen im Sortiment, die zahlreiche Kombinationsmöglichkeiten erlaubten. Im Angebot waren quadratische, runde, dreieckige oder achteckige Kabinen. Besonders hob die Allgäuer Firma in ihrer Werbung die Schallisolierung und den Schutz der Privatsphäre hervor. Auch die Telefonzellenfabrik Otto Scherell & Co. in Nordhausen in Thüringen warb in den 1910er-Jahren mit gut isolierten Telefonzellen

Fernsprech
AUTOMAT

aus Holz: Mehrere verleimte Holplattenschichten machten eine zusätzliche Polsterung überflüssig. Die Zellen waren für den Innenbereich gedacht, ließen sich in sechs Teile zerlegen und konnten so einfach transportiert und im Gebäude montiert werden.

Mit den selbstständig kassierenden Münzapparaten war auch der Einsatz auf öffentlichen Plätzen möglich. Die zusätzliche Möglichkeit einer Aufstellung wetterfester Häuschen im Freien sorgte um 1905 für neuen Schwung und führte in den folgenden Jahren zur weiteren Verbreitung der öffentlichen Sprechstellen im Innen- und Außenbereich. Laut Bernd Flessner gab es 1907 im Deutschen Reich 5.753 Telefonhäuschen, 1913 sogar schon 8.187. In den 1920-Jahren setzten sich die Sprechstellen auf öffentlichen Plätzen flächendeckend durch. Die Gestaltung war bis in die 1920er-Jahre nicht normiert und wurde mit den jeweiligen Stadtverwaltungen abgestimmt.

Einer der ersten Hersteller, der sich auf die Anfertigung und Weiterentwicklung der Telefonhäuschen für den Außenbereich spezialisierte, war Friedrich Wilhelm Quante (1868–1934). Er hatte Ende des 19. Jahrhunderts die Reparaturschlosserei eines Verwandten übernommen und produzierte dort zunächst Herde und Öfen. Durch gute Kontakte zur Post erhielt er Aufträge zur Reparatur von Telegrafen- und Fernsprechleitungen, die erforderlichen Baumaterialien stellte er in seiner 1892 gegründeten Spezialfabrik für Apparate der Fernmeldetechnik in Wuppertal-Elberfeld her. Anfang des

Öffentlicher
Fernsprecher

20. Jahrhunderts – die Wuppertaler Schwebebahn war gerade eingeweiht worden – begann der Unternehmer mit der Gestaltung von Fernsprechhäuschen. Die erste 1904 entwickelte Telefonzelle der Firma Quante wurde in Berlin aufgestellt, weitere Modelle folgten (Bild S. 31). Das Unternehmen erschien 1910 als »Fabrik für Telephon- und Telegraphen-Baumaterialien« im Handelsregister und verfügte zwei Jahre später schon über einhundert Mitarbeitende.

Bis in die 1920er-Jahre breiteten sich die Telefonhäuschen auch im öffentlichen Raum in heute kaum vorstellbarer Vielfalt in ganz Deutschland aus. Dies änderte sich im Jahr 1932, wie Manfred Bernhardt in seinem Beitrag »Das Telefonhäuschen« feststellt, als die »Allgemeine Dienstanweisung für Post und Telegraphie« vorschrieb: »Die öffentlichen Fernsprecher auf Straßen und Plätzen werden im allgemeinen in posteigenen Fernsprechhäuschen untergebracht. Die Häuschen sind für das ganze Reichspostgebiet möglichst einheitlich nach den RPZ-Zeichnungen 142 W 5 […] zu gestalten. Es gibt Häuschen mit einer Grundfläche von 1 x 1 Meter und 1,13 x 1,13 Meter.« Das Fernsprechhäuschen *142 W 5* von 1932, hergestellt in Leichtbauweise aus kaltgeformtem und verschweißtem Stahlblech, wurde zum ersten Standardhäuschen (Bild S. 28).

Auch die Farben wurden festgelegt. Die Häuschen sollten außen gelb und blau gestrichen werden, innen weiß und blau (Bild S. 33). Mit der Machtübernahme der Nationalsozialisten wurde Rot die dominierende Farbe, die Farbsymbolik der NSDAP sollte sich auch in den Zellen wiederfinden. Ab 1934 waren außen die Farben Schwarz, Weiß und Rot vorgeschrieben, innen Weiß und Rot. Am Dach war auf allen vier Seiten das Wort »Fernsprecher« zu lesen. Außerdem forderte ein Schild mit der Aufschrift »Fasse dich kurz!« zur Rücksichtnahme auf Wartende auf. Die Deutsche Reichs-Postreklame bot die freien Flächen in der Zelle für Werbezwecke an.

TELEPHONE
TELEPHONE

Das Häuschen im öffentlichen Raum

Der Begriff des Häuschens legt nahe, dass damit auch die zu Hause garantierte Privatheit der Gespräche gewahrt bleiben sollte. In der mobiler werdenden Stadtgesellschaft entstanden im öffentlichen Raum Ende des 19. und Anfang des 20. Jahrhunderts noch weitere schützende Häuschen: Toilettenhäuschen oder sogenannte Bedürfnisanstalten erlaubten auch unterwegs die Erledigung »privater Geschäfte«. Ähnlich wie Imbissbuden, Kioske und Wartehäuschen handelt es sich um Orte des temporären Verweilens im städtischen Raum. Sie bieten kein Zuhause, sondern sind ein »flüchtiger Ort der Worte«, wie es der Schriftsteller Uwe Ruprecht umschreibt.

Auch in der Gestaltung glichen die ersten Telefonhäuschen den Pavillons und Kiosken. »Zweifellos gibt es gefälligere, gastlichere und auch gemütlichere Orte auf der Welt als Telefonzellen«, stellt der Literaturwissenschaftler Franz Josef Görtz in seinem Buch »Telefonieren« fest. Er ordnet sie ein in die »Familie der öffentlichen Bedürfnisanstalten« und merkt an: »Da sind andere Qualitäten gefragt als Gastlichkeit und Gemütlichkeit. Zweckmäßig müssen sie sein, und sie müssen Tag und Nacht allen offenstehen, erst recht in Notfällen.«

Doch die schützende Funktion der Häuschen ist fragil und begrenzt. In Alfred Polgars (1873–1955) Kurzgeschichte »In der Telephonzelle« (1919), auf welche die Literatur- und Theaterwissenschaftlerin Sabine Zelger in ihrer »Kulturgeschichte des Telefonierens« verweist, wird dieser Ort zum Symbol der letzten Hoffnung in der Not. Eine arme, alte Frau – Josefine Strasser – erbettelt sich in dieser Geschichte Geld fürs Telefonieren. Mit den 20 Groschen versucht sie per Telefon, ihr Überleben zu sichern. Doch ihre Hilferufe bleiben ungehört und schließlich bricht die Verbindung ab. Die Telefonzelle eignet sich Josefine Strasser als Schutzraum und Behausung an: die Illusion eines kleinen Häuschens. Der beengte Raum bietet jedoch keinen Schutz, sondern wird zu ihrem Grab und Sarg. In der Nacht erfriert sie in der Telefonzelle, wo sie am nächsten Morgen tot aufgefunden wird.

Die Telefonhäuschen wurden übrigens, wie Bernd Flessner betont, überwiegend von Architekten gestaltet, nicht von Industriedesignern. Ihr Blick auf die Häuser und deren Funktionen spiegelt sich auch in der Gestaltung der Häuschen wider. Ein bedeutender Architekt hat auch die wohl berühmteste Telefonzelle entworfen: das klassische rote Telefonhäuschen in England. Sir Giles Gilbert Scott (1880–1960), der die Kathedrale von Liverpool baute und nach dem Zweiten Weltkrieg den Wiederaufbau des Parlamentsgebäudes in Westminster übernahm, konstruierte damit 1924 eines der bekanntesten englischen Markenzeichen. Der gotische Stil spiegelt sich in den typischen Sprossenfenstern und im Kuppeldach wider (Bild S. 36). Das Telefonhäuschen, das in England Telephone Booth genannt wird, erhielt die offizielle Bezeichnung *K 2* (*Kiosk 2*).

Neil Johannessen weist in seiner Darstellung der britischen Telefonzellengeschichte darauf hin, dass es bis zur Einführung des roten *K 2* hinsichtlich der Gestaltung, Materialverwendung und Farbgebung eine große Bandbreite von Telefonhäuschen gab. Die ersten Entwürfe waren meist aus Holz und verfügten über ein Satteldach oder ein Zeltdach. Der Vorläufertyp des *K 2* war das 1921 eingeführte Modell *K 1*, das aus Beton gefertigt wurde und mit einer Holztür ausgestattet war.

1923 entschied sich die englische Post für einen Designwettbewerb, um eine neue Kabine zu entwerfen, die für das ganze Land richtungsweisend sein sollte. Architekt Scott gewann den Wettbewerb 1924 mit dem *K 2*. Der Grundriss umfasste nur 0,9 Quadratmeter, der Aufbau bestand aus stabilem Eisen. Das Modell war in Silber gehalten, die Behörde entschied sich für die Farbe Rot, damit man die Zellen bereits von Weitem erkennen konnte. Der einzige Haken war, dass der *K 2* in der Herstellung sehr teuer war, weshalb man diesen Typ nur in London aufstellte.

Die Postbehörde erteilte Scott daher den Auftrag, eine Kombination aus dem kleineren und preiswerteren *K 1* und dem schöneren *K 2* zu entwerfen. Das Modell *K 3* fand in den folgenden Jahren Aufstellung. Noch einmal modifizierte der britische Architekt seinen Entwurf im Jahre 1936. Dieses Modell (*K 6*) wog 760 Kilogramm und war 2,4 Meter hoch. Eingeführt wurde es anlässlich des silbernen Thronjubiläums von King George V. (1865–1936), weshalb es auch den Namen »Jubilee Kiosk« erhielt. Der König starb allerdings, bevor die Telefonzelle in Produktion ging. Der *K 6* wurde im ganzen Königreich aufgestellt und fand auch in den ländlichen Regionen Verbreitung.

Der Hauscharakter der Zellen wird auch in der Dachgestaltung deutlich, die keiner funktionalen Notwendigkeit folgt. Besonders in der Frühzeit der Telefonzelle gab es vielfältige Varianten. Am häufigsten war das Zeltdach mit quadratischem Grundriss, es gab aber auch Häuschen mit glokkenförmigen Haubendächern, Kuppel- und Kegeldächern. Auf wichtigen Plätzen wurde manchmal noch eine große Uhr auf dem Dach montiert.

Telefonhäuschen standen häufig an urbanen und belebten Orten. Auf den großen, stark frequentierten Plätzen sind fast alle in Bewegung, meist überqueren die Menschen in Eile den Platz, auf dem Weg zur U-Bahn, in ein Café oder zu ihrer Arbeitsstelle. Uwe Ruprecht verweist auf den statischen

Charakter der Zelle im großen Getümmel der Stadt: Wer hier telefoniert, entzieht sich für einen kurzen Moment der Bewegung und kann zugleich aus der Zelle heraus das Treiben beobachten.

Die Telefonzelle war ein Ort, den prinzipiell alle nutzen konnten. Anfangs waren insbesondere Menschen ohne eigenen Telefonanschluss auf die Telefonhäuschen angewiesen, die später zum Sinnbild für die mobile Gesellschaft wurden. Es dauerte eine Weile, bis sich das Telefon bei breiteren Bevölkerungsschichten durchsetzte. Erst in den 1920er-Jahren erlebte es in Deutschland den allgemeinen Durchbruch. Auch die Zahl der Fernsprechhäuschen stieg weiter an: Zu Beginn des Jahres 1930 waren es bereits 60.000. Am meisten genutzt wurden die Fernsprecher in den Bahnhöfen. Im Hamburger Hauptbahnhof standen 1933 schon 17 Fernsprechzellen.

Vermittlung

1923 wurde das erste deutsche Fernwählamt in Weilheim in Betrieb genommen. Das war der Beginn des Selbstwählferndienstes. Die Selbstwahl wurde in Deutschland 1954 eingeführt. Die letzte Ortsvermittlungsstelle mit Handbetrieb in Westdeutschland wurde 1966 in Uetze bei Hannover eingestellt. In der DDR ging die letzte Handvermittlung 1987 im brandenburgischen Falkenrehde, einem Ortsteil der Stadt Ketzin an der Havel, außer Betrieb.

Postgelb oder Magenta-Design

Nach dem Ende der nationalsozialistischen Herrschaft wurde der Fernsprechdienst auf Anordnung der Alliierten zunächst eingestellt. 1946 waren die ersten Münzfernsprecher und Telefonhäuschen wieder in Betrieb, bei Ferngesprächen innerhalb Deutschlands musste man allerdings noch Wartezeiten von sechs bis zehn Stunden in Kauf nehmen. Am Modell von 1932 änderte sich nach dem Zweiten Weltkrieg zunächst wenig. Ab 1946 kam es dann aber zu einem Farbwechsel, so Rolf Behme in seiner Schilderung »Die Entwicklung der Telefonhäuschen«: Die rote Farbe der Fernsprechhäuschen wurde durch Gelb ersetzt. Offiziell bestätigt wurde die Änderung erst 1951. Folgende Farbgebung war fortan vorgesehen: außen Postgelb (*RAL 1005*), innen Weiß (*RAL 9002*), Beschriftung, Verzierung und Sockel Schwarz (*RAL 9005*).

1953 wurde ein neues Fernsprechhäuschen eingeführt, das die Firma Quante produzierte. Das postgelbe Häuschen war einfach gestaltet, bestand aus Stahlblech und Sicherheitsglas und verfügte über ein Flachdach aus glasfaserverstärktem Polyesterharz. Wahlweise konnte eine Buchablage mit Aschenbecher oder eine Mehrfachbuchschwinge für die Fernsprechverzeichnisse angebracht werden. Neben der Grundausführung *FeH 53* erlaubte die Variante *FeH 53p* in der Rückwand den Einbau eines Postwertzeichenautomaten. Neu war die Einschwenktür, die in geöffnetem Zustand nur 25 Zentimeter über den Grundriss von 1 x 1 Meter herausragte und außerdem über einen automatischen Schließmechanismus verfügte. Diese Variante war allerdings teurer und wurde nur an ausgewählten Orten aufgestellt, insbesondere an engen Stellen oder auf stark frequentierten öffentlichen Plätzen. Zum neuen Standardmodell entwickelte sich das von Quante gefertigte *FeH 55*, das mit rechts oder links montierter Normaltür geliefert werden konnte und ebenfalls über einen automatischen Schließmechanismus verfügte (Bild S. 42). Die wesentlichen Teile bestanden nach wie vor aus Stahlblech. Durch die großen nicht unterteilten Seitenfensterscheiben und die Glasscheibe der Tür war das Innere der Zelle gut einsehbar. *FeH 53p* wurde bis Ende 1969 aufgestellt, *FeH 53* und *55* bis 1979.

Ab 1972 experimentierte man mit neuen Materialien und versuchte, die Häuschen vollständig aus Kunststoff herzustellen. Das 1978 eingeführte Fernsprechhäuschen *FeH 78* wur-

de zu großen Teilen aus glasfaserverstärktem Polyesterharz gefertigt, das honiggelbe Postgelb (*RAL 1005*) wurde beibehalten. Die Ecken des neuen Gehäuses waren abgerundet, das Dach weiter vereinfacht, stark beanspruchte Flächen deckte der Hersteller mit Edelstahlblechen ab. Der Grundriss blieb bei 1 x 1 Meter, die geöffnete Tür ragte in geöffnetem Zustand etwa 60 Zentimeter heraus. Statt durchgehender Glasscheiben für Tür und Seitenwände erhielten die drei Flächen jeweils zwei Sicherheitsglasscheiben mit abgerundeten Ecken. Als Türschließer und Türanschlag wurden ein Stoßdämpfer und eine Gummifeder eingesetzt, Gummidichtungen verbesserten die Schalldämmung. Innen konnte neben dem Münzfernsprecher ein Buchtisch oder eine Mehrfachbuchschwinge montiert werden. Außerdem gab es kleine Werbeflächen, die beispielsweise von Taxiunternehmen genutzt wurden (Bild S. 45).

Die technischen Einzelheiten und Varianten der Häuschen wurden in den Unterrichtsblättern für die Mitarbeitenden der Deutschen Bundespost exakt beschrieben, bis hin zu den Vorschriften für Fundamentierung, Stromanschluss und Aufstellung. Die Zwischenwände konnten wahlweise verglast oder mit Blechwänden ausgestattet werden, so ließen sich die Fernsprechhäuschen verschiedentlich zusammenstellen und beispielsweise als Viererkombinationen sowohl in Reihe als auch im Quadrat anordnen. Besonders an stark frequentierten Plätzen war dies wirtschaftlicher, weil sich dadurch die Anschluss- und Wartungskosten pro Zelle verringerten.

Für Menschen im Rollstuhl war die Nutzung von Telefonzellen kaum möglich. Ab 1980 erprobte die Post öffentliche Fernsprecher, die auch von Rollstuhlfahrern genutzt werden konnten. Die halboffenen Sprechstellen oder Telefonhauben wurden 1982 offiziell eingeführt und erleichterten beeinträchtigten Personen die Nutzung des Telefons (Bild S. 47). Sie waren auf einen Fuß montiert (*TelHb 82*) oder konnten im Innenbereich an einer Wand angebracht werden wie die Fernsprechhaube *TelHb 83*. Besseren Wetterschutz für Rollstuhlfahrer bot das sechseckige Modell *TelH R* mit Drehtür, elektrischer Türöffnung und abgesenkter Türschwelle, wobei sich die Telefonhauben in der Nutzung als praktischer erwiesen.

Eine neue Standardserie wurde Ende der 1980er-Jahre entwickelt und eingeführt, hervorgegangen aus einem 1985/86 durchgeführten Designwettbewerb. Die Basisausführung war das Modell *TelH 90* (Bild S. 49 oben) in den Farben Grau und Magenta bzw. eine entsprechende Haube (*TelHb 90*). Eine Variante, die sich besser in historische Altstadtkerne oder dörfliche Bereiche mit Fachwerkbauten einfügen sollte, war ein Telefonhäuschen mit Sprossenfenstern und Zeltdach. Das *TelH 90Sh* genannte Modell war in gelber oder weißer Ausführung verfügbar (Bild S. 49 unten), die Variante *TelH 90Sm* in den Farben Grau und Magenta war etwas eleganter und hatte große, nichtunterteilte Glasscheiben.

Nach wie vor war das Wuppertaler Traditionsunternehmen Quante der Hauptthersteller im Bereich der öffentlichen Telefonhäuschen. Die Quante Fernmeldemontagen GmbH gehört seit 2000 zu dem weltweit agierenden Technologiekonzern 3M und trägt seit 2007 den Namen QFM Fernmelde- und Elektromontagen GmbH.

Vom Münzfernsprecher zum Kartentelefon

Nach dem Ende des Nationalsozialismus waren viele Anlagen zerstört, das Fernmeldenetz musste neu aufgebaut werden. In den verbliebenen öffentlichen Sprechstellen befanden sich noch die Ortsmünzfernsprecher von 1930 oder deren Nachfolgemodelle. Diese wurden nach der Währungsreform 1948 umgerüstet und konnten dann – wie schon bei der Inflation in den 1920er-Jahren – mit speziell geformten Telefonwertmarken genutzt werden. Im Zweiten Weltkrieg waren die Produktionsgeräte und Fertigungsunterlagen der alten Münzfernsprecher aus den 1930er-Jahren teilweise zerstört worden und verloren gegangen. Daher wurde nun ein ganz neues Modell entwickelt (*OMü 50*).

Der Ortsmünzfernsprecher *OMü 50* konnte mit 10-Pfennig-Stücken bedient werden, 20 Pfennig kostete ein Ortsgespräch. Die Gestaltung ähnelte den älteren Geräten: An der Frontseite des schwarzen Apparats war die Wählscheibe angebracht, oben auf dem Gehäuse befand sich der Münzeinwurf, unten rechts das Geldrückgabefach, der Hörer hing links an einem Haken (Bild S. 50). Das 1953 eingeführte Gerät sollte die teureren Fernwahlmünzfernsprecher (*MünzFw*) entlasten. Diese waren ab dem Modell *MünzFw 56* von 1956 mit einem sichtbaren Münzspeicher ausgestattet, der unter der Wählschreibe angebracht war. Einwerfen konnte man 10-Pfennig-, 50-Pfennig- oder 1-Mark-Stücke. Bei dem 1963 eingeführten *MünzFw 63* war der sichtbare Speicher in mehrere senkrecht angeordnete Einzelfächer unterteilt und mit einer Restguthabenanzeige ausgestattet (Bild S. 53).

Anfang der 1970er-Jahre wurden im Zuge der Olympischen Spiele 1972 viele internationale Gäste erwartet, weshalb die Deutsche Bundespost eigens ein Gerät für den Kontinentalverkehr entwickelte. Der *MünzFw 57* mit der später typischen grauen Hammerschlaglackierung sollte den europäischen Telefonverkehr verbessern, umgangssprachlich wurde er daher auch als Europamünzer bezeichnet. Weil das Gerät eine Weiterentwicklung des *MünzFw 56* war, vergab die Post hier nicht wie üblich das Jahr der Einführung als Typenbezeichnung (1972), sondern die Nachfolgenummer 57.

Für den außereuropäischen Telefonverkehr wurde ab 1976 der sogenannte Weltmünzer (*MünzFw 20*) eingesetzt, der aufgrund der höheren Kosten für die internationalen Gespräche neben 10-Pfennig- und 1-Mark-Stücken auch 5-Mark-Münzen annahm. Mit diesem Modell hielten einige Gestaltungsänderungen Einzug: Die Wählscheibe verschwand und wurde durch einen Nummernblock ersetzt, der Hörer hing nicht mehr links an der Seite, sondern vorne am Gerät. Der Münzeinwurf war nun an der Frontseite angebracht und verfügte über ein LED-Display mit Guthabenanzeige, die Geldrückgabeklappe befand sich weiterhin unten.

Das äußerlich nur geringfügig veränderte Nachfolgemodell *MünzFw 21* brachte die Deutsche Bundespost im Jahr 1984 auf den Markt. Durch eine Trennung von Münzbehälter und Telefon versuchte man, mögliche Schäden am Gerät zu minimieren, denn im Falle eines Aufbrechens wurde nicht gleich der ganze Apparat zerstört wie bei den älteren Geräten.

Ab den 1970er-Jahren war die Leitung erst nach dem Einwurf einer Münze frei. Um trotzdem kostenlose Notrufe zu ermöglichen, wurden zusätzlich Notrufmelder eingebaut. Der kleine Kasten mit den farblich markierten Hinweisschildern für Feuerwehr und Notruf wurde rechts neben dem Münzfernsprecher montiert. Durch Umlegen des Hebels nach links erreichte man die Feuerwehr, rechts die Polizei. Das Gerät übermittelte automatisch den Standort der Telefonzelle an die Leit- oder Dienststelle und funktionierte selbst bei Stromausfall.

Bei den älteren Modellen erlaubte der einmalige Münzeinwurf im Ortsverkehr im Prinzip noch das unbegrenzte Telefonieren, daher lautete die Aufforderung an vielen Münzfernsprechern: »Fasse dich kurz!« Erst 1980 führte die Deutsche Bundespost den Zeittakt für Ortsgespräche ein und schaffte damit die unbegrenzte Gesprächsdauer ab. Die Münzfernsprecher wurden entsprechend umgerüstet. Als Berechnungsgrundlage fasste man Gebiete und Orte in einem Radius von 20 Kilometern zusammen, in einigen Bereichen wurde die Zone auf 30 Kilometer ausgedehnt. Um eine möglichst gleichmäßige Auslastung des Telefonnetzes zu erreichen, bot die Post nun einen Normaltarif und einen Billigtarif an. Der preiswerte Tarif, der außerhalb der Geschäftszeiten und an Feiertagen galt, sollte einen Anreiz schaffen, insbesondere längere Telefonate oder Ferngespräche nicht in der Hauptverkehrszeit zu führen. Besonders günstig war der sogenannte Mondscheintarif zwischen 22 und 6 Uhr. Im Nahbereich konnte man für eine Gebühreneinheit im Normaltarif acht Minuten und im Billigtarif zwölf Minuten sprechen.

Zeitweise war es auch möglich, sich in Telefonzellen anrufen zu lassen. Als Kennzeichen diente ein Symbolbild mit einer Glocke auf der Außenseite der Telefonzelle. Die anrufbaren Geräte wurden als *aMünzFw* abgekürzt. Wer nicht genug Geld für ein teures Ferngespräch hatte, konnte die gewünschte Person mit zwei Groschen anrufen und um einen Rückruf in der Telefonzelle bitten. In den 1990er-Jahren nahm die Zahl dieser anrufbaren öffentlichen Münzfernsprecher aber wieder deutlich ab.

Telefonanschlüsse

1963 verfügten nur rund 14 Prozent der bundesdeutschen Haushalte über ein Telefon. Im Jahre 1983 hatten 88 Prozent der Haushalte ein eigenes Gerät, Ende der 1980er-Jahre lag die Versorgungsdichte sogar bei 97 Prozent.

Auch die Anzahl der Telefonzellen nahm stark zu. 1981 standen in der BRD 80.000 Telefonhäuschen vom Typ FeH 53 und 55 sowie 3.000 FeH 53p mit postalischen Einbauten. 1984 waren im Bundesgebiet insgesamt 129.000 Münzfernsprecher in Betrieb.

1983 begann die Erprobung der Kartentelefone mit vorher bezahlten Karten. In ausgewählten Städten und Regionen wurden verschiedene Kartensysteme getestet. Das erste Kartentelefon mit einem optisch lesbaren System ging in Frankfurt am Main in Betrieb. 1984 testete man im Raum Bonn und Aachen Karten mit Mikrochip und in Goslar mit Magnetstreifen. Ein weiteres Magnetkartensystem wurde 1985 in Bamberg erprobt. Die Entscheidung fiel 1986 für das fälschungssichere Chipsystem. Die Geräte wurden anfangs an Flughäfen und Bahnhöfen aufgestellt, erst Ende der 1980er-Jahre führte die Deutsche Bundespost die Kartentelefone großflächig ein. Die Kartenfernsprecher (*ÖKart*) begannen die Münzgeräte (*ÖMünz*) abzulösen, vereinzelt existierten auch Häuschen mit Faxgeräten (*ÖTelFax*). Ende der 1990er-Jahre folgten Kombinationsgeräte, die sowohl Münzen als auch Telefonkarten akzeptierten.

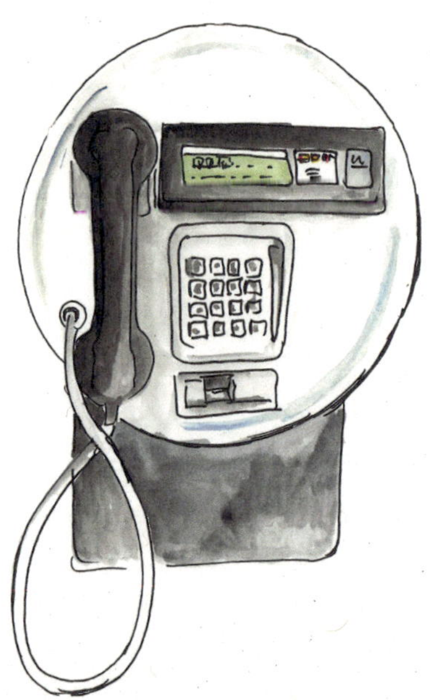

Zum Einsatz kamen in den folgenden Jahren unterschiedliche Modelle. Das *ÖKartTel Siemens Interset* war ein rundes Kartentelefon, als Weiterentwicklung folgte später das *ÖKartTel Blue Interset* (Bild S. 56). Das *ÖkartTel TN Telenorma* erinnerte eher an die alten Münzfernsprecher. Beim eckigen *ÖKartTel BT Bosch Telecom* hing links der Hörer in einer Auflage, rechts befand sich der Ziffernblock, darüber der Schlitz für die Karte. Das *ÖKartTel BTM 4080* von Landis & Gyr war ebenfalls eckig. Oben befand sich der Ziffernblock, darunter links der Hörer (erst schwarz, dann magenta), rechts daneben der Kartenschlitz.

Mit den Telefonkarten wurde die neue und anfangs umstrittene Chiptechnik erstmals großflächig eingeführt. In wenigen Jahren setzte sich die Telefonkarte bei den Nutzern durch, bald folgte der Chip auch auf der EC-Karte, der Krankenversicherungskarte und anderen Karten. Die Deutsche Bundespost musste die Kundinnen und Kunden von dieser Neuerung allerdings erst überzeugen, erhoffte sie sich von der Kartentechnik doch eine Kostenreduzierung, weil das personalaufwendige Entleeren der Münzbehälter entfiel und die Sicherung gegen ein Aufbrechen der Münzspeicher nicht mehr nötig war. Viele Nutzer waren mit dem Münzfernsprecher eigentlich sehr zufrieden, auch wenn es ärgerlich war, wenn man gerade nicht die passenden Münzen im Portemonnaie hatte. Die Prüftechnik war außerdem nicht perfekt und erkannte die Münzen manchmal nicht. So konnte es passieren, dass man zwar das Kleingeld parat hatte, die Münzen aber durchfielen. Zu einem wahren Volkssport hat sich in diesen Situationen das Schubbern und Reiben der Münzen am Automatengehäuse entwickelt. Dies diente dem praktischen Abbau von Aggressionen und führte meist beim zweiten oder dritten Einwurf tatsächlich zum Erfolg. Obwohl die technischen Fachleute nicht müde wurden zu beteuern, dass das Reiben der Münzen keinerlei Auswirkung habe, ließen sich die meisten nicht davon abhalten. Irgendwann gab die Deutsche Bundespost nach und brachte eigens Rubbelflächen an den Geräten an, um wenigstens die Kratzspuren am Gehäuse gering zu halten.

Die Mobilfunknetze

1958 ging das erste flächendeckende Mobilfunknetz in Betrieb: das A-Netz, das bis 1977 aktiv war und auf manueller Vermittlung basierte. In diesem Netz wurden alle bis dahin existierenden Funknetze zusammengefasst. Nur wenige – die sprichwörtlichen oberen Zehntausend – konnten sich den Zugang zu diesem kostspieligen Netz leisten.

Das B-Netz folgte 1972 und erlaubte nun auch im Mobilfunknetz das Selbstwählverfahren. Es erreichte bereits 1985 mit 27.000 Teilnehmenden seine Auslastungsgrenze und wurde 1994 eingestellt.

Einen ersten Schritt zur größeren Verbreitung des mobilen Telefonierens bedeutete das 1985 eingeführ-

te C-Netz. Durch die kleineren Geräte konnte sich der Mobilfunk vom Auto lösen und die Preise sanken spürbar. Die Kapazität wurde schließlich auf 800.000 Teilnehmende ausgeweitet, das Netz blieb bis 2000 in Betrieb.

Als nächster Schritt folgte der Übergang von analogen zu digitalen Netzen. 1989 wurde auf der Hannover-Messe das erste ISDN-Netz in Betrieb genommen. Der Durchbruch des mobilen Telefonierens erfolgte mit der Einführung der digitalen D- und E-Netze 1992 bzw. 1994. Im Jahr 2000, als das C-Netz abgeschaltet wurde, nutzten bereits 25 Millionen Menschen die D-Netze und fünf Millionen die E-Netze.

Telefonhäuschen in der DDR

Im Verlauf des Zweiten Weltkriegs war die Zahl der Telefonanschlüsse im gesamten Deutschen Reich deutlich zurückgegangen, erst Anfang der 1950er-Jahre konnte der Vorkriegsstand erreicht werden. Danach bewegte sich die Telefondichte in Ost und West allerdings sehr schnell auseinander. Die DDR blieb auf dem Stand, den die BRD Mitte der 1960er-Jahre erreicht hatte.

Die geringere Telefondichte in der DDR führte dort auch zu einer anderen Telefon- und Kommunikationskultur. Nur wenige hatten ein eigenes Telefon. In erster Linie erhielten Ärzte und Funktionäre sowie Betriebe und staatliche Stellen Telefonanschlüsse. Ottmar L. Braun und Klaus Lange stellten Anfang der 1990er-Jahre in einer Studie fest, dass die Telefonnutzung im privaten Alltag der DDR trotz der geringen

Versorgungsdichte durchaus verbreitet war. Bei den meisten privaten Telefonen handelte es sich um Gemeinschaftsanschlüsse, die Mehrzahl der Telefonanschlüsse war doppelt belegt. Da die wenigsten über ein eigenes Telefon verfügten, konnte man auch nicht viele Menschen anrufen. Oft waren die Leitungen so überlastet, dass man überhaupt nicht durchkam, und die Mehrfachbelegung von Anschlüssen hatte zur Folge, dass Telefonate nicht gleichzeitig geführt werden konnten. Es war selbstverständlich, dass auch andere Personen den privaten Anschluss nutzten. Das führte zugleich zu einer Stärkung der Nachbarschaftshilfe und einer Intensivierung der direkten Kommunikation, denn oft musste man in der fremden Wohnung auf das Gespräch warten und nutzte die Zeit zum Plausch.

Nicht alle waren allerdings von der Anwesenheit der telefonierenden Nachbarn in der eigenen Wohnung begeistert. Zudem galten Telefonbesitzende als privilegiert und waren tendenziell dem Verdacht ausgesetzt, mit dem Ministerium für Staatssicherheit in Verbindung zu stehen. Am Arbeitsplatz hatten hingegen viele Menschen Zugang zu einem Telefon und aufgrund der Mangelsituation waren private Telefonate am Arbeitsplatz nichts Ungewöhnliches.

In den 1980er-Jahren verfügte nur etwa jeder zehnte Haushalt über einen eigenen Telefonanschluss, im Jahr der Wende gab es nur rund 1,1 Millionen private Telefone in der DDR, die meisten davon hingen an einem Gemeinschaftsanschluss. Die Wartezeit auf einen Telefonanschluss betrug etwa zehn bis fünfzehn Jahre – ungefähr so lange, wie man auf ein eigenes Auto warten musste, teilweise sogar noch länger.

Wie die Kommunikationskultur in der Praxis vor 1990 funktionierte, haben Katharina Müller und Christoph Gehrmann anhand der kleinen Eichsfeldgemeinde Beberstedt untersucht (»Telefon und Dorffunk – dörfliche Mediennutzung in der DDR«) und dazu mit den Bewohnerinnen und Bewohnern gesprochen. In den Interviews erklärten die Beberstedter, dass man das Telefon nur in Notfällen oder für wichtige Nachrichten benutzte, denn vielen war es eher unangenehm, auf das Telefon des Nachbarn angewiesen zu sein. Die Hilfsbereitschaft wurde in der Regel nicht ausgenutzt, auch wenn es natürlich bei gesteigerter Nachfrage zu Konflikten kommen konnte. Viele empfanden es deshalb auch nach der Wende als sehr befreiend, über ein eigenes Telefon verfügen zu können und unabhängig zu sein.

Um den Mangel zu lindern, wurden in den 1960er-Jahren verstärkt Telefonzellen aufgestellt, sodass ihre Zahl mit der im Westen vergleichbar war. Diese ca. 40.000 »öffentlichen Sprechstellen«, wie die Telefonzellen offiziell hießen, erlaubten das Telefonieren unabhängig von nachbarschaftlichen Kontakten und dienten vielen als Ersatz für ein eigenes Telefon, während die Dichte der privaten Telefonanschlüsse in der Bundesrepublik zunahm. Als schließlich in den 1980er-Jahren im Westen an Telefonzellen mit dem Slogan »Ruf doch mal an!« geworben wurde, galt im Osten immer noch die Parole »Fasse dich kurz!«.

Die Telefongeräte waren allerdings häufig kaputt, etwa ein Viertel der Apparate war dauerhaft außer Betrieb. Dass ein beträchtlicher Teil der Sprechstellen auch mutwillig zerstört wurde, passte nicht ins offiziell propagierte Gesellschaftsbild der DDR, weshalb der Vandalismus nicht öffentlich thematisiert wurde. Manch einer entwickelte das Abschneiden und Sammeln der Telefonhöher zum zweifelhaften Hobby – dies passierte allerdings eher in der Stadt als bei der manchmal einzig verfügbaren öffentlichen Sprechstelle im Dorf. Dort konnte die Telefonzelle zum lebendigen Treffpunkt werden. Nicht selten bildeten sich Warteschlagen, in denen man die lokalen Neuigkeiten direkt austauschen konnte. Gab es keine Schlange vor dem öffentlichen Telefon, war es wahrscheinlich gar nicht einsatzfähig. Ab und zu bildeten sich übrigens auch Schlangen, wenn das Gerät funktionierte und der Münzzähler kaputt war: eine Einladung zum kostenlosen Telefonieren.

Die geringe Ausstattung mit Telefonen wurde nicht grundsätzlich als Mangel empfunden, da ohnehin die Mehrheit der Bevölkerung davon betroffen war. Kommunikation und Verabredungen funktionierten in der DDR anders und die alltäglichen und persönlichen Begegnungen hatten hier einen größeren Stellenwert. Es war durchaus üblich, dass man Bekannte oder Verwandte in anderen Städten ohne Vorankündigung besuchte. Zugleich war man für spontanen Besuch offener. Nach der Wende gingen die unangekündigten Besuche allerdings spürbar zurück, die stärkere Verbreitung der Telefone führte auch zur Veränderung der kommunikativen Praxis.

Die Ortsvermittlungstechnik war in der Regel veraltet und überlastet, ein großer Teil der Anlagen stammte noch aus der Zeit vor der Gründung der DDR. Neue Systeme wurden im Vergleich mit der BRD meist erst sehr viel später eingeführt. Aufgrund der begrenzten Kapazitäten des Netzes entstanden zusätzlich mindestens 23 nicht öffentliche Fernmeldenetze, die von staatlichen Stellen, dem Militär oder der Staatssicherheit genutzt wurden.

Besonders in der frühen DDR waren die öffentlichen Sprechstellen noch nicht durchgehend einheitlich gestaltet. Rudolf Nagel forderte 1957 in einem Artikel »Modernere Formen für Fernsprechhäuschen und Zeitungskioske!«. Mit mehr Offenheit für gestalterische Varianten sollten sich die Fernsprechhäuschen ihrer jeweiligen Umgebung und dem Straßenbild anpassen, so der Autor, der gleich eigene Entwurfsskizzen mitlieferte und außerdem Ideenwettbewerbe anregte. Stoppen solle man dagegen die bereits begonnene Produktion von Telefonhäuschen aus Beton, die weder wirtschaftlich noch architektonisch überzeugend seien.

Tatsächlich setzte sich das Betonhäuschen nicht durch, aber auch der Ruf nach mehr Experimentierfreude und Formenvielfalt hatte nur begrenzten Erfolg. »Sicher gibt es beim Aufbau des Sozialismus noch wichtigere Aufgaben, als das Modernisieren vorhandener Zeitungskioske und Fernsprechhäuschen«, räumte Rudolf Nagel am Ende seines Artikels ein. Doch gerade dort, wo neue Wohnanlagen entstünden, solle man doch »dem neuen Inhalt unserer Gesellschaftsordnung auch bei solchen Kleinbauten durch neue Formen entsprechen.«

Wie im Westen setzte sich auch im Osten die Farbe Gelb für die Telefonzellen durch – allerdings nicht einheitlich, wie 1965 der Artikel »Öffentliche Fernsprecher« in der Fachzeitschrift »Die Deutsche Post« berichtet: »Abgesehen von kräftigem und blassem Postgelb gibt es Kombinationen mit Grau, Weiß und Schwarz je nach Geschmack der BDP. « Die Bezirksdirektionen der Deutschen Post konnten bei der Farbgebung offenbar variieren, wobei der Verzicht auf die gelbe Farbe gelegentlich auch einem Materialengpass geschuldet gewesen sein mag. Neben den nicht farbig gestalteten grauen Telefonhäuschen gab es außerdem einfach überdachte öffentliche Sprechstellen in Form von Telefonhauben oder Kabinen ohne Türen, die baulich in die Gebäude integriert waren.

Das Fernsprechhäuschen *FeH 62* der Deutschen Post der DDR bestand aus Kastenprofilen und Blech (Bild S. 60). Die Seitenwände waren aus Glas, die Tür verfügte über einen mechanischen Türschließer und neben dem Münzfernsprecher befand sich eine Ablage für das Fernsprechbuch. Abgelöst wurde das Modell durch das Fernsprechhäuschen *FeH 79*, dessen Fenster abgerundete Ecken hatten und nicht bis zum Boden reichten.

Ausgestattet waren die Telefonhäuschen in der DDR anfangs mit dem 1958 eingeführten Ortsmünzfernsprecher *M 58*, der in der äußeren Gestaltung dem *OMü 50* der Deutschen Bundespost ähnelte. Gefertigt wurde das Gerät, das

10-Pfennig- und 20-Pfennig-Münzen akzeptierte, im VEB Fernmeldewerk Nordhausen. Dieses Werk produzierte Münzfernsprecher für die gesamte DDR, wie Thomas Müller in seinem kurzen Abriss der Firmengeschichte »Münzfernsprecher für Kuba und die Welt« betont, später lieferten die Nordhäuser auch nach Lateinamerika oder in die Sowjetunion.

Der Münzfernsprecher *M 60*, der ab 1960 in Nordhausen hergestellt wurde, war anfangs grau, später wurde er in Hammerschlagoptik gefertigt. Die DDR verwendete auch das Bundespostmodell *MünzFw 63*, von dem in den 1970er-Jahren 200 Exemplare angekauft wurden. Der 1970 eingeführte Ortsmünzfernsprecher *Mü 70* war für Ortsgespräche und kostenlose Notrufe vorgesehen, Ferngespräche waren nicht zugelassen. In Notfällen konnte man über die Rufnummer 08 das Fernamt erreichen. Gebaut wurde das Gerät im VEB MAB Apparatebau Caputh (Bild S. 67).

Der Selbstwählfernverkehrsmünzfernsprecher *SWFV Mü 69* vom VEB Fernmeldewerk Nordhausen wurde 1974 eingeführt und war fast komplett elektronisch ausgerüstet. Mehrere Varianten dieses Gerätetyps folgten in den 1980er-Jahren. Der Hörer wurde auf der abgeschrägten Frontseite aufgelegt, die Wählscheibe – später der Tastenwahlblock – befand sich unter dem Hörer. Der Apparat hatte ein Leuchtfeld mit Nachzahlungslämpchen und konnte 20-Pfennig-, 50-Pfennig- und 1-Mark-Münzen kassieren, mindestens ein 20-Pfennig-Stück musste eingeworfen werden. Möglich waren Orts- und Ferngespräche. Bei den Ferngesprächen war eine Vorauszahlung erforderlich, Nachzahlungen folgten während des Gespräches, bei Ortsgesprächen wurde nach Gesprächsende kassiert. Rechts unten befand sich eine etwa 1.500 Münzen fassende Kassette.

Eine Besonderheit, die Dirk Bösterling erwähnt, war der »Fernsprecher des Vertrauens«. Während die Hersteller in der BRD versuchten, die Geräte gegen Betrug abzusichern und technisch zu verbessern, gab es in der frühen DDR noch ein anderes Modell. Die Deutsche Post installierte teilweise gewöhnliche Fernsprechwandapparate in der Telefonzelle und hängte eine verschlossene Kassette daneben, in die man das Geld werfen konnte. Dabei setzte sie auf die Ehrlichkeit des DDR-Bürgers und die Bereitschaft zur freiwilligen Entrichtung der Gebühr. Ein Schild appellierte außerdem an den Nutzer: »Hast Du gesprochen in die Ferne / Zahl' die Gebühren, tu' es gerne / Zeig' Dich würdig des Vertrauen / Mit dem die Post wird auf Dich schauen. / Das Gespräch sofort begleiche, / Nie vom rechen Weg abweiche.« Wie erfolgreich dieses Verfahren war, ist nicht bekannt.

Der VEB Fernmeldewerk produzierte nach der Wiedervereinigung unter dem Namen FMN-Fernmeldetechnik GmbH Nordhausen weiter und spezialisierte sich im neuen Markt. 1993 erhielt das Münztelefon *FMN S500* einen Designpreis, im Jahre 2000 wurde das wetterfeste Außenbereichstelefon *alpha open air* ausgezeichnet. Eine große Aufgabe für das Unternehmen, das inzwischen als FMN communications GmbH firmierte, war 2002 die bundesweite Umrüstung von 35.000 Münztelefonen auf Euromünzen.

Die Telefonzelle im Film

Wer den Wandel des Telefons im 20. Jahrhundert studieren möchte, kann die Entwicklungen vom Wandapparat bis zum Handy in alten Filmen Revue passieren lassen. Wie schnell sich die Telefonmodelle änderten, zeigt sich schon, wenn man Filme aus den 1980er-Jahren sieht. Die ersten Mobiltelefone hatten eine heute schier unglaubliche Größe und durften als Statussymbol der Reichen und Schönen bei einer Poolszene in der Fernsehserie »Der Denver-Clan« (»Dynasty«, USA 1981–1989) nicht fehlen. Das Telefon bot in der Dramaturgie des Films zahlreiche Einsatzmöglichkeiten. Weniger bekannt ist die Tatsache, dass auch die Telefonzelle viele Regisseure faszinierte – ob in der Nebenrolle oder in der Hauptrolle.

Das Telefonhäuschen konnte die rettende Verbindung nach außen darstellen, aber genauso zum tödlichen Gefängnis werden. Kaum einer hat diese Ambivalenz von Schutz und Ausgeliefertsein besser zum Ausdruck gebracht, als Alfred Hitchcock (1899–1980) in seinem Filmklassiker »Die Vögel« (»The Birds«, USA 1963). Bei einem Angriff durch einen Schwarm wild gewordener Möwen gelingt es der Protagonistin Melanie Daniels, Zuflucht in einer Telefonzelle zu finden. Von dort kann sie hautnah beobachten, wie Menschen von den Vögeln brutal attackiert werden und der Ort im Chaos versinkt – im Hintergrund die brennende Tankstelle (Bild S. 70). Die Telefonzelle bietet zunächst Schutz, zugleich scheint eine weitere Flucht ausgeschlossen, und als eine gegen das Fenster fliegende Möwe das Glas zum Bersten bringt, wird klar, dass auch dieser Raum keine dauerhafte Sicherheit garantiert.

Eine Forschungsgruppe hat die Rolle des Telefons, des Telefonierens und der damit verbundenen dramaturgischen Effekte im Spielfilm Anfang der 1990er-Jahre ausführlich untersucht (»Telefon und Kultur – Das Telefon im Spielfilm«) und dabei auch die Telefonzelle in den Blick genommen. Der Medien- und Kommunikationswissenschaftler Hans J. Wulff erwähnt in dieser Studie auch Filme, die heute kaum noch jemand kennen dürfte, etwa Nikolaus Schillings »Willi-Busch-Report« (D 1979). Handlungsort des Spielfilms ist ein kleines Städtchen im Werratal, das durch die Nähe zur Grenze der DDR zu einem abgelegenen Provinznest geworden ist. Ein Problem für den Lokaljournalisten Willi Busch, denn hier passiert nichts. Schließlich hilft er selbst nach, um spektakuläre Schlagzeilen für die »Werra-Post« zu produzieren. Er schneidet Telefonhörer in Telefonzellen ab und berichtet dann mit reißerischen Schlagzeilen über den um sich greifenden Vandalismus. Als seine Freundin bei ihm zu Hause eine Kiste mit Telefonhörern entdeckt, rechtfertigt er sich, er habe die Zeitung retten wollen und seine Aktion als »aktive Zonenrandförderung« betrachtet – eine Geschichte aus dem geteilten Deutschland, die der 2016 verstorbene Schweizer Regisseur Nikolaus Schilling gekonnt in Szene setzte. Gedreht wurde der Film übrigens in der hessischen Kleinstadt Wanfried.

Das Verschwinden der lieb gewonnenen gelben Telefonzellen als Zeichen einer sich verändernden Welt nimmt die deutsche Komödie »Die Quereinsteigerinnen – Die Rückkehr der gelben Telefonzellen« (D 2005) zum Ausgangspunkt. Zwei Freundinnen, die in einem Telefonkonzern arbeiten, beschließen aus einer Laune heraus, ihren Chef Harald Winter – wohl eine Anspielung auf den 2002 zurückgetretenen Telekomchef Ron Sommer – zu entführen, und fordern die Wiederaufstellung der alten, gelben Telefonzellen. Winter zeigt sich zunächst – ganz in arroganter Chefmanier – empört über die unprofessionelle Art und Weise der Entführung, findet dann aber Gefallen an der Auszeit und an den geselligen Abenden mit seinen Entführerinnen. Zunehmend gewinnt er Distanz zu seinem gewohnten Arbeitsalltag. Der Konzern geht zum Schein auf die Forderungen ein, doch während die ersten Telefonzellen aufgestellt werden, begibt sich ein Sonderermittler auf die Suche nach den Entführerinnen. Mit ihrem skurrilen Kinodebüt, einer Low-Budget-Produktion, haben die beiden Regisseure Rainer Knepperges und Christian Mrasek kein Meisterwerk geschaffen, aber dem Ende der gelben Telefonzelle ein amüsantes, filmisches Denkmal gesetzt.

Regisseur Alfred Hitchcock, in dessen Filmen die Telefonzelle des Öfteren in Erscheinung tritt, reizte die Idee, diesen Ort zum zentralen dramaturgischen Objekt eines Films zu machen, wie er in einem Interview Mitte der 1960er-Jahre mit François Truffaut bemerkte. Noch fehlte es an einer zündenden Idee, um eine Geschichte auf Dauer mit der Telefonzelle zu verbinden, wenngleich Hitchcocks Film »Bei Anruf Mord« (»Dial M for Murder«, USA 1954) mit der weitgehenden Begrenzung der Handlung auf einen Ort und der Telefonzelle als Ausgangspunkt für Mord schon in eine ähnliche Richtung ging. Erst sehr viel später hat ein anderer Regisseur die Idee eines Telefonzellenfilms filmisch umgesetzt.

In Joel Schumachers temporeichem Actionfilm »Nicht auflegen!« (»Phone Booth«, USA 2002) bildet die letzte Telefonzelle im hektischen Treiben New Yorks den Dreh- und Angelpunkt des gesamten Films. Der arrogante Agent Stu Shepard ist eigentlich nur mit dem Handy unterwegs, macht Geschäfte, setzt Leute unter Druck und spielt sie gegeneinander aus. Täglich zur gleichen Zeit sucht er jedoch eine Telefonzelle auf, um heimlich mit der jungen Schauspielerin Pam zu telefonieren, damit seine Ehefrau Kelly, die zu Hause die Telefonrechnungen kontrolliert, nichts davon erfährt. Stu ist ein überheblicher Machtmensch, der gerne alles kontrolliert. Doch die Situation ändert sich grundlegend, als es eines Tages in der Telefonzelle klingelt und Stu mit einem psychopathischen Serienkiller verbunden ist. Dieser droht, ihn zu erschießen, sobald er den Hörer auflegt. Der anonyme Anrufer, der alles über Stu zu wissen scheint und ihn von irgendwo beobachtet, will, dass dieser seine Geheimnisse offenbart und sein Verhältnis beichtet. Es beginnt ein nervenaufreibendes Machtspiel, in dem die Telefonzelle zum bedrohlichen Gefängnis wird, dem Stu nicht entkommen kann. Obwohl der Film fast vollständig in dieser Telefonzelle spielt, gelingt es Regisseur und Hauptdarsteller, den Spannungsbogen über die ganze Dauer des Films aufrechtzuerhalten, ohne dass die Situation unglaubwürdig wird.

Die Vorlage für »Phone Booth« lieferte der amerikanische Drehbuchautor Larry Cohen, der schon mit Hitchcock an der Idee gearbeitet hatte. Die Geschichte war der erste Teil seiner Telefon-Trilogie. Als zweiter Film folgte der Handy-Thriller »Final Call – Wenn er auflegt, muss sie sterben« (USA 2004) von Regisseur David R. Ellis, in dem der Sonnyboy Ryan den Hilferuf einer unbekannten, entführten Frau auf seinem Handy erhält. In diesem Film kann sich der Protagonist – anders als bei »Phone Booth« – frei bewegen und muss versuchen herauszufinden, an welchem Ort die Entführte festgehalten wird. Den Abschluss der Reihe bildete »Messages Deleted« (USA 2009), umgesetzt von Regisseur Rob Cowan. Hier steht ein Anrufbeantworter im Mittelpunkt der Geschichte.

Der Drehbuchautor Joel Brandt nimmt die Nachricht auf seinem Anrufbeantworter erst ernst, als der Anrufer am nächsten Tag leblos aufgefunden wird und diese Szene sich mehrfach wiederholt. Immer wieder rufen Menschen bei ihm an, die tags darauf tot sind. Die Polizei hält ihn für den Hauptverdächtigen, doch tatsächlich hat es ein psychopathischer Mörder auf ihn selbst abgesehen.

Erstaunlicherweise hat die Telefonzelle in der Filmgeschichte auch Karriere als Zeitreisemaschine gemacht. In der seit 1963 produzierten britischen Kultserie »Doctor Who« benutzt der Hauptprotagonist die Telefonzelle für seine Ausflüge in andere Zeiten und Epochen. Genau genommen handelt es sich um die Zeit-Raum-Maschine TARDIS (»Time And Relative Dimensions In Space«), die als Polizeinotrufzelle getarnt ist (Bild S. 77).

Selbst nach über einem halben Jahrhundert hat die Idee dieser Serie nicht an Reiz verloren. Auch ein moderner Science-Fiction-Film wie »Matrix« (USA 1999) scheint auf diese eher altertümliche Technik nicht verzichten zu können. Nur wenn die Telefonleitung frei ist, die der mächtige Operator kontrolliert, ist ein Übergang zwischen den Welten möglich. Die Telefonzelle wird zum rettenden Ausgang. Völlig zu Recht fragt die Medienwissenschaftlerin Esther Lulaj in ihrer Studie »Nimm (nicht) ab! Zur Funktion des Telefons im Spielfilm«, warum man im hochtechnisierten Matrix-Universum auf diese vergleichsweise archaische Methode zurückgreift.

Ein beliebtes Motiv in klassischen Gangsterfilmen ist der Mord in der Telefonzelle. Meist sterben Verräter, bevor sie eine Nachricht weitergeben können, im Kugelhagel der Maschinengewehre. So gelingt es Motos Gehilfin in Norman Forsters Krimi »Mr. Moto und die Schmugglerbande« (»Think Fast, Mr. Moto«, USA 1937) nicht, rechtzeitig die Polizei zu informieren, weil ein Matrose die einzige Telefonzelle des Klubs besetzt hält. Als dieser sein Gespräch beendet hat, erreicht sie zwar die Polizei, wird aber erschossen, bevor sie den Namen des Klubs nennen kann.

Ebenfalls häufig sind Szenen, in denen die Polizei versucht, einen anonymen Anrufer per Fangschaltung zu lokalisieren, denn Telefonzellen bieten die letzte Möglichkeit, um zumindest temporär unerkannt zu telefonieren. Nicht nur erfahrene Krimifans, auch die Protagonisten wissen meist genau, wie viel Zeit sie haben, bevor der Anruf aus der Telefonzelle geortet ist. So erreicht die Polizei die betreffende Telefonzelle in den meisten Fällen zu spät. Filmexperte Hans D. Wulff listet in der Untersuchung »Telefon und Kultur – Das Telefon im Spielfilm« einige Beispiele auf: In Alex Segals Spielfilm »Menschenraub« (»Ransom!«, USA 1956), der von der Entführung eines Industriellensohnes handelt, finden die Ermittler vor Ort nur noch die glimmende Zigarette. Erfolgreich ist die Polizei dagegen in Richard Fleischers Kriminalfilm »Der Frauenmörder von Boston« (»The Boston Strangler«, USA 1968), wo es ihr gelingt, den Anrufer aufzuspüren und zu verhaften. In »Dirty Harry« (USA 1971) ist Inspektor Harry Callahan (Clint Eastwood) dem Serienkiller Scorpio auf der Spur, doch dieser jagt ihn durch halb San Francisco von einer Telefonzelle zur anderen und droht, ein entführtes Mädchen zu ermorden, sollte der Inspektor nicht rechtzeitig den Telefonhöher abheben.

Raffiniert variiert wird das Motiv der Rückverfolgung von Anrufen in der Komödie »Agentenpoker« (»Hopscotch«, USA 1980). Nach 20 Dienstjahren wird der CIA-Agent Miles Kendig, gespielt von Walther Matthau, von einem neuen Vorgesetzten ins Archiv versetzt und abgeschoben. Als alter

Hase nutzt er sein Insiderwissen, um die ehemaligen Kollegen auszutricksen. Absichtlich telefoniert er so lange aus einer Telefonzelle, bis sein Anruf geortet werden kann. Das Telefon befindet sich direkt gegenüber dem Eingang des CIA-Gebäudes – eine Provokation, mit der der Protagonist seine Überlegenheit demonstriert. Das nächste Mal ruft er aus dem Sommerhaus seines Chefs an. Die Reaktion der Geheimdienste ist einkalkuliert: Sie wähnen sich siegessicher und schießen das Haus in Stücke, während der Anrufer seine Flucht natürlich schon vorbereitet hat.

Die Telefonzelle kann auch für den rettenden Ausweg stehen, wenn die Akteure in einer brenzligen oder ausweglosen Lage Hilfe und Unterstützung von außen benötigen. Fehlendes Kleingeld kann dann zum Problem werden. In John Badhams »War Games« (USA 1983) schließt der Hauptdarsteller in dieser Situation den Apparat kurz, um von der Telefonauskunft die Adresse eines Professors zu erfahren, mit dessen Hilfe er einen thermonuklearen Weltkrieg verhindern will. Die Szene lebt vor allem von der Fallhöhe zwischen der manipulierten Telefonzelle und dem selbstständig agierenden Computer, der dabei ist, eine Katastrophe auszulösen, denn mit der Überlistung des Telefonapparates durch ein kleines Metallstück soll indirekt der Weltuntergang aufgehalten werden.

Mehrere Telefonzellenmotive verbindet John Landis in seinem legendären Kultfilm »The Blues Brothers« (USA 1980). Die beiden Brüder Jake und Elwood Blues haben ihre

Band nach vielen Hürden schließlich zusammengetrommelt, aber nur noch eine Münze, um ihren Agenten anzurufen. In dem Moment attackiert die Attentäterin, die sie von Beginn des Films an verfolgt hat, die Telefonzelle mit einem Flammenwerfer. Ein Gastank explodiert, schleudert die Zelle in die Luft und als sie mitten auf der Straße aufschlägt, zerbricht auch der Münzapparat, sodass sie das nötige Kleingeld zum Telefonieren haben.

Eine legendäre Telefonzellenszene hat auch die Spionagekomödie »Jumpin' Jack Flash« (USA 1986) zu bieten, in der die Hauptprotagonistin Terry Dolittle – gespielt von Whoopi Goldberg – zwischen die Fronten westlicher und östlicher Geheimdienste gerät und in einer Telefonzelle wild gestikulierend von einem Abschleppwagen durch die Straßen von New York geschleift wird.

Die Nutzung der Telefonhäuschen in verschiedenen Alltagssituationen war auch Thema von Komödien und Filmsketchen. Der Klassiker war die besetze Telefonzelle, eine Situation, die in zahlreichen Varianten durchgespielt wurde. In einem Sketch stehen mehrere Leute genervt und ungeduldig im Regen vor der besetzten Telefonzelle. Als der Regen aufhört, verlässt Harald Juhnke das Häuschen und setzt sein Telefongespräch fort – mit dem Handy.

Vielen dürfte auch noch die Szene aus der in den 1970er-Jahren produzierten Kultserie »Ein Herz und eine Seele« in Erinnerung geblieben sein, in der Alfred Tetzlaff (»Ekel Alfred«) die Telefonzelle vor seinem Haus nutzen will und sich erst mit der darin telefonierenden jungen Frau und später mit der Telefonauskunft anlegt.

Kaum bekannt ist heute einer der skurrilsten Telefonzellenfilme: »La Cabina« (E 1972), ein spanischer Kurzfilm, der ohne Dialoge auskommt. Das Werk von Regisseur Antonio Mercero (1936–2018) war damals auch ein internationaler Erfolg und wurde 1973 mit dem International Emmy Award ausgezeichnet. In dem Film betritt ein Mann eine frei auf einem Platz stehende Telefonzelle, die Tür schließt sich und er kommt nicht mehr heraus. Auf einmal ist er in der »Zelle« gefangen und schutzlos den Blicken der ihn verspottenden Kinder und der anderen Passanten ausgeliefert. Die Öffentlichkeit wird zur Bedrohung, die im Bild eines kindlichen Indianertanzes eingefangen wird. Schließlich versuchen verschiedene Personen, ihm zu helfen, doch ohne Erfolg, niemand kann die Telefonzelle öffnen. Als nach der Polizei auch die Feuerwehr vor Ort eintrifft und die Glasscheiben gerade zerschlagen will, kommen scheinbar Angestellte der Telefongesellschaft, die die Telefonzelle auf ihr Fahrzeug laden und diese samt Insassen abtransportieren. Doch das ist nicht die erhoffte Erlösung für den Eingeschlossenen, denn er wird weit weg gebracht, bis er schließlich in einen Tunnel fährt und in einer großen Halle ankommt. Diese steht voller Telefonzellen, in denen bereits halb verweste Leichen kauern. Die letzte Einstellung zeigt, wie erneut eine Telefonzelle mit geöffneter Tür auf dem Platz der Ausgangsszene steht …

Das Auge telefoniert mit.
Ruf doch mal an. Telekom

Spurensuche und Sammlungen

Telefonzellen waren einst stark frequentierte Orte. Wer hier telefonierten musste, verweilte in der Zelle in der Regel nicht länger als nötig. Bevor man zum Hörer griff, schlug man die Nummer in den ausliegenden Telefonbüchern nach oder zückte das eigene Telefonbüchlein. Oft waren aber auch Stift und Papier nötig, um sich beispielsweise eine Nummer zu notieren. Zu den Unsitten gehörte es, Seiten aus den öffentlichen Telefonbüchern zu reißen, die sich damals in vielen Telefonzellen befanden. Wer die Nummer nicht parat hatte oder in den Fernsprechverzeichnissen fand, musste zuerst die Auskunft anrufen. Vor und während des Gesprächs legte man zahlreiche Gegenstände in der Zelle ab – etwa Hut, Regenschirm, Taschen oder irgendwelche Kleinigkeiten. In Gedanken noch beim eben geführten Gespräch merkten manche erst spät, dass sie etwas in der Telefonzelle vergessen hatten. Besonders ärgerlich war es, wenn man das private Adressbuch oder das Portemonnaie auf dem Münzfernsprecher liegen gelassen hatte – das Kleingeld musste ja stets zum Nachwerfen griffbereit sein.

Was die Menschen noch alles mit in die Telefonzelle nahmen und dort zurückließen, zeigt eine außergewöhnliche Sammlung. Anfang der 1990er-Jahre begannen Martin Schack und Michael Schreiner damit, Verlorenes und Vergessenes in öffentlichen Telefonzellen zu sammeln. Die Fundstücke reichen vom Notizzettel bis zum Zigarettenstummel – Rauchen war damals noch weit verbreitet und auch in der Telefonzelle gestattet. Martin Schack, eigentlich gelernter Filmemacher, hat in seinem Dortmunder Kleinverlag in der Reihe »Archive des Alltags« verschiedenen Orten des täglichen Lebens ein Denkmal gesetzt und neben dem Waschsalon, dem Kiosk oder dem Pissoir auch der Telefonzelle einen Band mit kurzen Essays und Beobachtungen der Alltagsgeschichte gewidmet. Darin beschreiben die beiden Sammler, wie sie zu ihrem ungewöhnlichen Hobby kamen. Ihnen war aufgefallen, dass viele Menschen in der Telefonzelle Sachen zurücklassen. Während des Telefonierens kramen sie in ihren Taschen, werfen Nutzloses weg oder lassen kleine Dinge versehentlich liegen. Es gab kaum eine Zelle, in der Martin Schack und Michael Schreiner nichts entdeckten. Schließlich fingen sie an, die Fundstücke – »Spuren des ganz Gewöhnlichen« – auf Karteikarten zu erfassen, die sie sich gegenseitig zuschickten. Notiert wurden der Ortsname, der genaue Standort, der Zellentyp, die Apparatenummer sowie Datum, Uhrzeit und die genaue Fundstelle in der Zelle. Auf diese Weise entstand eine einzigartige Sammlung aus tausend Karteikarten mit aufgeklebten Objekten, zugleich ein »öffentliches Tagesbuch« und »ein Museum der Manteltasche«.

Die Telefonzelle war ein genormtes Industrieprodukt, das manche Kundinnen und Kunden animierte, die Zelle während des Telefonats kreativ zu gestalten oder ein persönliches Zeichen zu hinterlassen. Bernd Flessner sieht in den mehr oder weniger kreativen Elementen, die »vom Aufkleber bis zum Minigraffito, vom abreißbaren Adresszettel bis zum Nagellackgemälde, vom Zigarettenbrandfleck bis zur Kaugummiplastik« reichen, nicht nur Vandalismus am Werk, sondern auch »Formen einer ästhetischen und sozialen Aneignung«. Das Telefonhäuschen werde so zum Atelier und durch die permanente Gestaltung in die Lebenswelt integriert.

Ein weiteres Phänomen waren die Telefonkartensammler (Bild S. 82). Die ersten Telefonkarten waren noch relativ lieblos gestaltet, bald wurden jedoch auch besondere Serien für Sammlerinnen und Sammler entworfen. Die Telefonkartensammlung löste die klassische Briefmarkensammlung ab. Gesammelt werden konnten gebrauchte Telefonkarten, wertvoller waren aber die unbenutzten Telefonkarten, die noch voll aufgeladen waren. So manch ein Sammler steckte ein kleines Vermögen in neue Telefonkarten: Ein teures Hobby, zumal sich eine auch nur annähernde Vollständigkeit der

Sammlung angesichts der immer zahlreicher werdenden Sondereditionen kaum erreichen ließ. Zu DM-Zeiten gab es die Ausgabewerte 3, 6, 12 und 50 Mark. Nach Einführung des Euro waren Karten für 3, 5, 10 und 20 Euro erhältlich.

Andere sammelten nur die bereits abtelefonierten Karten und hofften auf Zufallsfunde in den Telefonzellen. Angesichts der zunehmenden Zahl von Plastikkarten und dem damit verbundenen Abfall brachte man in den Telefonzellen Sammelbehälter für leere Telefonkarten an. Für manche Sammler war die Versuchung groß, die Behälter auf der Suche nach seltenen Telefonkarten aufzubrechen, zum großen Ärger der Telekom.

Während seltene Ausgaben einst enorme Summen erzielten, hat die Sammelleidenschaft inzwischen deutlich nachgelassen. Aus dem Hobby für die breiten Massen ist ein Spezialsammelgebiet geworden, mit dem sich wahrscheinlich nur noch einige Hundert oder Tausend Personen ernsthaft befassen. Der MICHEL-Katalog für Telefonkarten erschien 2005 zum letzten Mal. Die meisten Sammlungen haben einen massiven Wertverlust erfahren.

Die Telefonkarten der A-Serie (1990–2013) waren im Abonnement erhältlich, die Telekom nutzte sie zur Eigenwerbung oder für gesponserte Unternehmungen und Veranstaltungen. Sie umfasste 548 Karten. 1996 kam die AD-Serie hinzu, in der aber nur fünf Karten erschienen. Ähnlich wie bei den Sonderbriefmarken wurden auch Telefonkarten ausgegeben, bei denen ein Teil des Betrags wohltätigen Zwecken diente, wie bei der 1992 und 1993 im Umlauf gebrachten Benefizausgabe (B-Serie). Speziell als Sammlerstücke entworfen wurden die Karten der ab 2000 ausgegebenen C-Serie (Collector-Karten), die aus besonderen Materialen gefertigt waren (unter anderem Samt, Seide, Keramik, Blech, Leder und Glas).

Daneben gab es Telefonkarten als Werbegeschenke oder Sammlerstücke, die auch in Kooperation mit anderen Unternehmen hergestellt wurden. Limitierte Ausgaben waren besonders begehrt. Die Editionsausgaben der E-Serie griffen von 1991 bis 2003 Motive aus der Postgeschichte auf. Die Telefonkarten mit Kundenwerbung aus der K- und der O-Serie machen die größte Gruppe aus und umfassen etwa 20.000 unterschiedliche Kartenmotive. Andere Unternehmen nutzten die Telefonkarten zur Werbung in der Region (R-Serie).

Für Versuchszwecke in einem Testgebiet setzte man von 1983 bis 1989 die T-Serie ein. Aus der Anfangszeit stammen auch die Karten der V-Serie, die 1990 bis 1991 mit Motiven einflussreicher Persönlichkeiten aus Politik, Wirtschaft und Gesellschaft ausgegeben wurden. Die Werbekarten (W-Serie) in der Zeit von 1986 bis 1989 sollten die Kunden mit der neuen Technik vertraut machen. Sie wurden kostenlos verteilt und enthielten meist fünf Einheiten. Die Serie wurde Ende 1989 eingestellt und dann von der A-Serie abgelöst.

Deutlich unhandlicher und aufwendiger ist das Sammeln von Telefonzellen. Meistens landen nur einzelne Objekte in privaten Vorgärten. Im ganzen Bundesgebiet gibt es zahlreiche Vereine und Gruppen, die sich der Geschichte der Fernmeldetechnik widmen und mit viel persönlichem Engagement eigene Sammlungen aufgebaut haben, um die Geschichte des Telefons und der Fernsprechtechnik an jüngere Generationen zu vermitteln. Diese Sammlungen umfassen auch alte Münzfernsprecher oder Telefonzellen. Einer der größten Vereine zur Posthistorie mit rund 10.000 Mitgliedern ist die 1949 gegründete Deutsche Gesellschaft für Post- und Telekommunikationsgeschichte (DGPT) in Frankfurt am Main. Anfangs eng mit der Bundespost verknüpft finanziert sich der Verein seit der Postreform in den 1990er-Jahren überwiegend durch Spenden und Mitgliedsbeiträge. Die Gesellschaft gibt zugleich seit vielen Jahrzehnten das in diesem Gebiet wichtigste Fachjournal heraus: »DAS ARCHIV. Magazin für Kommunikationsgeschichte«.

Museumsstiftung Post und Telekommunikation

Im Zuge der Privatisierung der Deutschen Bundespost entstand auch ein dezentrales Museumskonzept: 1995 wurde die Museumsstiftung Post und Telekommunikation ins Leben gerufen, mit je einem Museum für Kommunikation in Berlin (ehemals Reichspostmuseum), Frankfurt am Main (ehemals Bundespostmuseum), Hamburg und Nürnberg (ehemals Bayerisches Postmuseum) sowie dem Archiv für Philatelie in Bonn. Das Museum für Kommunikation in Hamburg hatte bis 2009 Bestand. Die Häuser verstehen sich nicht mehr allein als klassische Technikmuseen, sondern setzen sich in ihren Ausstellungen auch mit dem Gebrauch der Objekte im Alltag und den verschiedenen Kulturtechniken der Kommunikation auseinander, ob nun per Telegramm, Brief, Postkarte, Fax, Telefon, E-Mail oder SMS.

Die Sammlungen dokumentieren alle Facetten der historischen Entwicklung des Post- und Fernmeldewesens. Am Sammlungsstandort Heusenstamm bei Frankfurt am Main werden seit dem Jahr 2000 im Gebäude des ehemaligen Fernmeldezeugamtes insbesondere Exponate der elektrischen und elektronischen Kommunikation – Telegrafie, Telefonie, Funk, Rundfunk, Fernsehen sowie Computer und Internet – aufbewahrt. Einmal im Monat gestattet das Depot in Heusenstamm interessierten Besucherinnen und Besuchern einen Blick hinter die Kulissen und bietet eine öffentliche Führung durch die Sammlung an.

Außerdem gibt es Vereine und private Internetseitenbetreiber, die mit viel Liebe zum Detail das Wissen über die technischen Entwicklungen und die verschiedenen Modelle zusammengetragen haben. Ausführliche Beschreibungen der Geräte von den Anfängen bis zur Gegenwart bieten beispielsweise die Internetseiten »Öffentliche Kommunikationsstellen in Deutschland« (www.oeffentlichetelefone.de) oder »Deutsches Telefon-Museum« (www.deutsches-telefon-museum.eu). 2012 hat ein Augsburger Schüler die »Arbeitsgemeinschaft zum Erhalt der deutschen Telefonzelle« ins Leben gerufen, die seitdem zahlreiche Bilder von noch existierenden öffentlichen Fernsprechern dokumentiert hat und Geschichten rund um den Abbau oder den Erhalt der Häuschen erzählt (https://telefonzelle.de.tl/). Eine Leipziger Internetseite dokumentiert die noch verbliebenen Telefonzellen und Telefonstationen in der Stadt mit Foto und genauer Ortsangabe. Inzwischen finden sich dort rund hundert Objekte (https://meinleipzig.eu/Lokale-Infrastruktur/Telefonzelle). Eine andere Internetseite hat sich auf Bilder von Berliner Telefonzellen bei Nacht spezialisiert (http://www.surveyor.in-berlin.de/berlin/zellen/).

SOS
0800

Das Verschwinden der Telefonzelle

Nach der deutschen Wiedervereinigung setzte mit der Privatisierung des Telekommunikationsbereichs eine der gewaltigsten Umstrukturierungen im öffentlichen Sektor ein. Die Postreform in Deutschland trennte 1989 Post und Telekommunikation.

Im Rahmen der Postreform I entstanden nun Postdienst, Postbank und die Deutsche Bundespost Telekom; alle drei Unternehmen bleiben im Besitz des Bundes. 1990 übernahm die Deutsche Bundespost die Deutsche Post der DDR. Die Deutsche Bundespost Telekom wurde 1995 privatisiert (Postreform II) und erhielt den Namen Deutsche Telekom AG. Bereits ein Jahr später kam es zum Börsengang, Postbank und Deutsche Post wurden ebenfalls Aktiengesellschaften.

Öffentlich sichtbar wurde der Wandel in der geänderten Farbgebung. Seit 1932 waren die Farben der deutschen Telefonzellen verbindlich festgelegt. Zunächst waren Blau und Gelb, ab 1934 Rot und ab 1946 schließlich Gelb vorgeschrieben. Gelb war die Farbe der Post, die heute nur im Bereich der Brief- und Paketzustellung an Postbriefkästen und Lieferfahrzeugen erhalten geblieben ist. Mit der Trennung von Post und Telekommunikation wollte sich die Telekom auch farblich vom alten Postgelb verabschieden. Mitte der 1990er-Jahre wurden die öffentlichen Fernsprecher auf das Weiß-Grau-Magenta der Telekom umgestellt. Die Farbe Magenta kam vor allem im Dachbereich zum Einsatz. Die graue Farbgebung spielte auf die grauen Fahrzeuge des Postmeldeferndienstes der 1950er- und 1960er-Jahre an. In der Bevölkerung stießen die neue Farbgebung und die Abkehr vom traditionellen Gelb auf wenig Begeisterung. Aber auch praktische Einwände, dass die Farbe nicht so gut zu erkennen sei, hielten die Entwicklung nicht auf. Immerhin gab es Mitte der 1990er-Jahre in Deutschland noch über 160.000 öffentliche Fernsprecher.

Bei den Münzapparaten standen ebenfalls Änderungen an. Das *Münztelefon 23* von Landis & Gyr wurde 1992 vorgestellt und eingeführt. Das elektronische Münztelefon für analoge Telefonanschlüsse konnte mittels eines integrierten Modems Fehler, Defekte und Beschädigungen erkennen und an ein zentrales System melden. Der Tastenwahlblock mit 16 Tasten wurde später durch einen alphanumerischen Tastenwahlblock ersetzt. Das Gerät war durch seine Bauweise besonders witterungsbeständig und widerstandsfähig gegen Vandalismus. Der Telefonhöher hing an einem stabilen Panzerkabel.

Der Vandalismus verursachte teilweise immense Schäden. Die mutwillige Zerstörung war immer wieder Gegenstand von Untersuchungen. So verfasste beispielsweise Norbert Detaille 1983 eine Dissertation über »Delikte gegen Fernsprechhäuschen der Deutschen Bundespost unter besonderer Berücksichtigung der Phänomene des Vandalismus«. Die Deutsche Bundespost bzw. später die Telekom begründeten den Rückbau der Telefonzellen unter anderem mit den hohen Kosten, die durch mutwillige Zerstörung entstünden. Wie hoch die Vandalismusschäden tatsächlich waren bzw. in welchem Maße diese zu- oder abgenommen haben, lässt sich schwer mit genauen Zahlen belegen. Durchaus möglich, dass der Eindruck größerer Zerstörungswut auch daher rührt, dass die Beseitigung der Schäden oft lange auf sich warten ließ. Auch in der Nachwendezeit wurde ein hohes Maß an Zerstörung festgestellt. Jede dritte der 12.000 neuen Telefonzellen in Ostdeutschland, so berichtete die Zeitung »Neues Deutschland«, sei 1991 zerstört worden. Dabei waren die Telefonzellen nach wie vor wichtig, denn der Ausbau des neuen Telefonnetzes kam nur langsam voran und auch der Mobilfunk war noch nicht auf eine breite Nutzung angelegt.

Ein kurzes Revival erlebten die Telefonzellen nach der Umrüstung auf Euromünzen, weil nun auch europäische Gäste einfach mit dem passenden Kleingeld zahlen konnten. Zunehmend wurden Telefonhäuschen dann aber durch die sogenannten Basistelefone ersetzt. Bei den Basistelefonen ist Telefonieren nur mit dem Zahlencode einer speziellen Telefonkarte (Calling Cards) oder Kreditkarte möglich. Neu war die Einführung von R-Gesprächen, bei denen der Angerufene sich zur Übernahme der Kosten bereit erklärt. Notrufe können kostenlos über eine spezielle SOS-Taste getätigt werden, Telefonieren mit Münzen oder herkömmlichen Telefonkarten ist nicht mehr möglich. Münzautomaten waren auf Strom angewiesen, ohne die Münzzahlung konnte sowohl auf die Stromversorgung als auch auf das Entleeren der Münzbehälter verzichtet werden. Während für den Aufbau eines Telefonhäuschens 7.500 Euro veranschlagt werden mussten, kostete der Aufbau des Basistelefons nur 500 Euro. Mit den neuen Säulen wollte die Telekom auch die durch mutwillige Zerstörungen entstandenen Kosten verringern. Weder der Münzbereich noch eine Sammelvorrichtung für gebrauchte Telefonkarten konnten nun aufgebrochen werden. Die Konstruktion war auf das minimal Notwendige beschränkt (Bild S. 92).

Nach einer Testphase und der Anerkennung der kostengünstigeren Telefone durch die Regulierungsbehörde für Telekommunikation und Post als allgemeine öffentliche »Telefonzelle« Anfang 2006 war der Weg frei für den Austausch weiterer Fernsprecher. Zu diesem Zeitpunkt waren noch 110.000 öffentliche Münz- und Kartentelefonzellen in Betrieb. Bis

2008 näherte sich die Zahl langsam der 100.000er-Grenze. Danach reduzierte sich die Menge der verbliebenen Zellen deutlich auf 84.000 im Jahr 2009 und 70.000 im Jahr 2010, während die Mobilfunkanschlüsse kontinuierlich zunahmen: 2010 gab es bereits 109 Millionen Mobilfunkteilnehmerinnen und -teilnehmer. Im selben Jahr wurden 120 Millionen Telefonate an öffentlichen Fernsprechern geführt, 2007 waren es noch 300 Millionen und 1999 sogar eine Milliarde Telefongespräche gewesen. Genutzt wurde die Zelle vor allem von älteren Leuten, die kein Handy besaßen, von Menschen, die anonym telefonieren wollten, oder von Handynutzern, die gerade keinen Empfang hatten oder deren Akku leer war.

Mit der zunehmenden Verbreitung der Handys wurden die Telefonhäuschen aufgrund der geringeren Nutzung unrentabel. Die Telekom rechnete pro Exemplar monatlich etwa 100 bis 150 Euro für den Unterhalt. Der Versorgungsauftrag verlangte, dass öffentliche Telefone gut zu Fuß erreichbar sein müssen, also nicht mehr als zweieinhalb Kilometer voneinander entfernt stehen sollten. Dies war auf Dauer nicht mehr rentabel. Die Telekom bot der Bundesvereinigung der kommunalen Spitzenverbände daher an, die Städte und Gemeinden zu informieren, sollte der Umsatz eines öffentlichen Telefons unter 50 Euro im Monat sinken. In diesem Fall drohe der Abbau des Geräts. Stimmte die Kommune nicht zu, wurde die Telefonzelle durch ein Basistelefon ausgetauscht. Bis 2010 hatte die Telekom bereits ein Fünftel der Telefonzellen in Deutschland durch Basistelefone ersetzt.

Inzwischen, nach der Aufhebung des Monopols, haben auch andere Privatanbieter öffentliche Fernsprecher aufgestellt. Diese finden sich vor allem an stark frequentierten Orten, die hohe Einnahmen versprechen, etwa in Fußgängerzonen oder auf Plätzen in großen Städten, in Bahnhöfen oder Flughäfen. Inzwischen baut die Telekom auch wieder mehr Münzfernsprecher, die vor allem von ausländischen Gästen genutzt werden. Seit einigen Jahren gibt es zudem Multimediastationen, an denen man das Internet nutzen oder SMS und E-Mails verschicken kann. Eines dieser Geräte ist der Telekiosk, der begrifflich auf die Anfänge zurückweist, aber keine schützende Hülle besitzt.

Mit diesen Maßnahmen von Reduzierung einerseits und Modernisierung andererseits änderte sich das Erscheinungsbild der öffentlichen Fernsprecher grundlegend. Aus den Zellen wurden zunehmend Säulen, Beleuchtung und Häuschen verschwanden. Durch diesen Wandel wurde auch der etablierte Begriff des Telefonhäuschens obsolet. 1992 rief daher die Telekom in ihrer Mitarbeiterzeitung »TelekomMonitor« zur Suche nach einem neuen, passenden Namen auf. Vorgeschlagen wurden etwa »Telebox«, »Telekombox« und »Telepoint«. Die amtliche Bezeichnung lautete schließlich »Öffentliches Telefon« (*ÖTel*).

Telefonieren ist heute allgegenwärtig und für die meisten erschwinglich. Was kommuniziert wird, wissen wir nicht genau. Der Verdacht ist aber nicht ganz von der Hand zu weisen, dass mit der Zunahme der telefonischen Kommunikation die Sinnhaftigkeit der Gespräche nicht unbedingt zugenommen hat. Die Frage nach Sinn und Nutzen technischer Möglichkeiten wurde auch in Bezug auf das Telefon schon früh gestellt. Jörg Becker erinnert in dem von ihm herausgegebenen Band »Telefonieren« daran, dass bereits Schriftsteller wie Henry David Thoreau (1817–1862) die mit dem Telefon verbundene Pseudokommunikation thematisiert haben. »Wir haben große Eile, eine telegraphische Verbindung von Maine nach Texas herzustellen«, bemerkte dieser in seinem zivilisationskritischen Buch »Walden oder das Leben in Wäldern« von 1854 und fügte hinzu: »möglicherweise haben sich jedoch Maine und Texas gar nichts Wichtiges mitzuteilen.«

Die Telefonzelle hat das Privatgespräch vor anderen abgeschottet. Mit dem Handy scheint diese Gesprächssituation mehr oder weniger aufgehoben zu sein: Heute ist das mobile Telefon privat und das Gespräch öffentlich. Dieses letzte Kapitel des öffentlichen Fernsprechers – die Telefonsäule – scheint dem Rechnung zu tragen. Günter Burkart, der den Siegeszug des Mobiltelefons in seinem 2007 veröffentlichten Buch »Handymania« beschreibt, erkennt darin ein Aufweichen der Trennung zwischen Privat- und Berufssphäre. Mit der Flexibilisierung der modernen Arbeitswelt, so der Kultursoziologe, werde das einst abgeschirmte berufliche Telefonat in den öffentlichen Raum getragen. Ebenso dringt auch das Private in die Öffentlichkeit und findet dort unfreiwillige Zuhörerinnen und Zuhörer. Das scheint die Telefonierenden nicht zu stören, wohl aber die Zuhörenden.

Rainer Schönhammer versucht, das Unbehagen beim Hören des öffentlichen Telefonierens sozialpsychologisch zu erklären. Wer in Anwesenheit anderer telefoniert, bleibt zwar in einem gemeinsam geteilten Raum, wendet sich aber zugleich von den real Anwesenden ab. Durch das laute Sprechen ins Mobiltelefon spricht die Person auch die anderen Menschen um sich herum an – und ignoriert sie zugleich. Die nicht wirklich einbezogenen Mithörenden können die ausgrenzende Situation nicht verlassen und sind zur Teilnahme am unvollständigen Gespräch verdammt. Manch einer wünschte sich in dieser Situation die Telefonzelle zurück oder die Erfindung einer sich selbst aufblasenden Zelle, die den Telefonierenden umgibt und das Gespräch wieder in die Privatsphäre überführt. Tatsächlich entwickelte der Performancekünstler Nick Rodrigues 2002 eine transportable Telefonzellenbox, die er sich beim Telefonieren über den Kopf stülpte und damit durch die Bostoner Straßen lief, vorbei an den irritierten Geschäftsleuten und anderen Passanten, die ihm telefonierend entgegenkamen.

Mit dem Ende der Telefonzellen hat sich auch die Telefonnutzung verändert. Heute muss niemand mehr auf ein freies Telefon warten. Allenfalls Funklöcher können das Telefonieren im Flatratemodus noch unterbrechen. Dort wo die Telefonzellen schon weitgehend verschwunden waren, sind aber auch neue Wege der Kommunikation entstanden. Entlegene Dörfer oder Gehöfte haben meist auch unter schlechten Internetverbindungen zu leiden, so auch in Teilen des

Schwarzwaldes, wo die Hofbewohnerinnen und -bewohner 2012 im Münstertäler Ortsteil Neuhof eine Telefonzelle für den Zugang zum Highspeednetz nutzten. Dazu montierten sie einfach eine Antenne auf die Telefonzelle, die eine Funk-DSL-Verbindung herstellte, und verpassten ihr einen blauen Farbanstrich. Den nötigen Strom lieferten Solarzellen.

Strom ist auch das Stichwort, das weitere Nutzungsmöglichkeiten mit Zukunftsperspektive eröffnet. Da die Telefonzelle über einen Stromanschluss verfügt, kam vor einigen Jahren der Gedanke auf, den Strom auch für die Elektromobilität zu verwenden, deren Durchsetzung bisher unter anderem am fehlenden Ausbau der Lademöglichkeiten scheiterte. Die Telekom Austria hat bereits 2010 damit begonnen, Telefonzellen mit integrierten Stromtankstellen für E-Bikes, E-Scooter oder E-Autos zu installieren. Bei der Deutschen Telekom setzte sich die Idee, an früheren Telefonzellen oder Verteilerkästen Schnellladestationen einzurichten, erst 2018 durch. Die Prototypen wurden in Bonn und Darmstadt aktiviert. Bis 2020 will das Unternehmen 500 Stromzapfsäulen betreiben und dafür die bereits vorhandene Infrastruktur nutzen.

Neue Ideen ändern aber nichts daran, dass in den letzten zwei bis drei Jahrzehnten tausende alte Telefonhäuschen ausgemustert wurden. Von 2010 bis 2014 ging die Zahl der Telefonzellen jährlich im Schnitt um etwa 10.000 zurück, von 70.000 auf 31.000. Die abgebauten Exemplare werden gesammelt und zum größten Teil geschreddert, ein Teil der Materialien geht in die Wiederverwertung. Das zentrale Telefonzellenlager – offiziell »Fernmeldezeugamt Berlin, Außenstelle Potsdam« – befindet sich mitten im Wald notwestlich vom Michendorf im Landkreis Potsdam-Mittelmark. Dort werden aus den beschädigten Telefonzellen auch neue gebaut und wieder zum Einsatz gebracht. Zeitweise lagerten hier tausende nicht mehr benötigte Exemplare auf einer Fläche von anderthalb Hektar.

Lange hat die Telekom den Verkauf ausrangierter Zellen an Privatleute abgelehnt, was bei den Liebhabern der alten Häuschen auf Unverständnis stieß. In verschiedenen Foren wurden ältere Exemplare teilweise zu hohen Preisen gehandelt, was die Telekom nicht gerne sah. Erst 2013 hat das Unternehmen eingelenkt und den Verkauf an interessierte Sammler und Bastler offiziell erlaubt. Die älteren gelben Modelle kosteten um die 450 Euro, die neuen Telekom-Modelle waren für einhundert Euro weniger zu haben. Abholen musste man die nicht gerade leichten Kabinen allerdings selbst. Trotzdem sind heute immer noch etwas über 20.000 Telefonhäuschen in Betrieb.

Am 23. April 2019 wurde der Abbau der letzten offiziell von der Telekom betriebenen gelben Telefonzelle in Deutschland verkündet. Sie stand am Wallfahrtsort St. Bartholomä am Ufer des bayrischen Königsees. Ob es wirklich die letzte gelbe Telefonzelle der Telekom war? Wenige Tage später meldeten die „Westfälischen Nachrichten" den Abbau der letzten gelben Telefonzelle in Rhynern (Hamm), sie war allerdings schon mehrere Monate zuvor außer Betrieb.

Die roten Telefonzellen

Ähnliche Entwicklungen waren in England zu beobachten. Auch dort sollten die traditionellen roten Telefonzellen, die zur Identität des Landes gehören wie die roten Doppelstockbusse in London oder die Queen, nach der Privatisierung der Telefongesellschaft aus Kostengründen abgeschafft werden. BT, der Nachfolgekonzern von British Telecom, hatte aber das Protestpotenzial in der Bevölkerung unterschätzt. Die Gemeinden erhielten daraufhin Angebote, die Telefonhäuschen in ihrem Ort zu »adoptieren«, wovon zahlreiche Kommunen Gebrauch machten. Der Konzern stellte den Gemeinden die Kosten für anfallende Wartungsarbeiten in Rechnung.

Die erste rote Telefonzelle vom Typ K 6 war 1936 aufgestellt worden, 1968 beendete die Post die Produktion. Von einstmals 60.000 Zellen waren 2008 nur noch knapp 15.000 übrig geblieben, heute stehen etwa 2.000 unter Denkmalschutz. Ab 2012 verkaufte BT auch ausgemusterte Telefonzellen, die für 1.950 Pfund aufwärts erhältlich waren. Die Red Kiosk Company hat daraus eine Geschäftsidee gemacht und vermietet die alten Telefonzellen an Händler oder Gastronomen. Die ausrangierten roten Häuschen haben inzwischen Fans in aller Welt gefunden, wo sie beispielsweise in Gärten, auf öffentlichen Plätzen oder in Gaststätten einen neuen Platz erhalten haben. Bei Auktionen erzielen sie weiterhin hohe Preise.

BÜCHERZELLE

Rettet die Telefonzellen

Mit dem Ende der Telefonzellen kamen rasch Überlegungen auf, was man mit den ausrangierten Telefonzellen machen konnte, um sie zu bewahren. Eine der ersten Umnutzungsideen war die Bücherzelle. Bücherfreunde richteten in den ausgedienten Telefonhäuschen Minibibliotheken und Büchertauschplätze ein. Hervorgegangen war die Idee aus der Bookcrossing-Bewegung. Ziel dieser Bewegung ist es, Bücher nicht einfach wegzuwerfen, sondern diese kostenlos an andere abzugeben. Zu Beginn der 2000er-Jahre wurden die Bücher einfach »ausgesetzt« – etwa im Café, Zug oder auf der Parkbank – und von anderen gefunden. Sie waren mit Nummern auf einer Website registriert, sodass man dort die Wege und Fundgeschichten der Bücher verfolgen konnte. Später machten sich die Liebhaber des gedruckten Wortes die alten Telefonzellen zunutze. Die Bücher waren dort vor Wind und Wetter geschützt, aber zugleich einfach zugänglich. Statt Telefonbüchern konnte man nun Romane, Krimis und Sachbücher entdecken und gegen andere Titel eintauschen. Im weitesten Sinne dienten die Bücherzellen also weiterhin dem kommunikativen Austausch. In den letzten Jahren hat sich diese Neunutzung rasant ausgebreitet, mittlerweile finden sich in ganz Deutschland hunderte unterschiedlich gestalteter Bücherzellen, betrieben von Kommunen, Kulturvereinen oder Privatleuten (Bild S. 104). Wo die erste Büchertauschzelle aufgestellt wurde, ist schwer zu sagen. Eine der ersten entstand jedenfalls vor etwa zehn Jahren in Ostfriesland und ist dem berühmten Pilsumer Leuchtturm nachempfunden. Das Dach ist mit einer Dachhaube und einer Weltkugel versehen, als Türgriff dient eine überdimensionierte 1-Pfenning-Münze. In den Regalen können Interessierte Bücher kostenlos mitnehmen oder selbst Bücher weiterverschenken.

Von der kleinsten Bibliothek war es nur noch ein Schritt bis zu kleinsten Galerie oder dem kleinsten Museum. Im Mecklenburger Schullandheim Dreilützow bei Wittenburg wurde die Telefonzelle 2012 kurzerhand zur Kunstgalerie erklärt. Besonders Kinder waren von der Kunstzelle angetan, erzählt der Leiter des Schullandheims, denn die seien von den großen Galerien und Museen oft überfordert und bekämen hier einen einfachen und direkten Einblick in künstlerisches Schaffen. Seitdem hat das Minimuseum Platz für viele kreative Ideen geboten, neben der Ausstellung klassischer Kunstwerke beispielsweise auch einer Kuscheltierpräsentation, die Kindern das Thema Artenvielfalt nahebringen sollte.

Auch die Einwohnerinnen und Einwohner des niedersächsischen Dörfchens Brokeloh im Landkreis Nienburg/Weser machten aus ihrer Telefonzelle ein kleines Schmuckstück. Sie protestierten heftig, als die einzige Telefonzelle 2007 abtransportiert werden sollte. Die Arbeiter waren schon zur Demontage angerückt, erst in letzter Minute konnte der Abtransport verhindert werden. Die Telekom willigte schließlich nach langen Verhandlungen und aufgrund des großen Medienechos ein. Ein Anwohner lieferte kostenlos Strom für die Zelle, ein umtriebiges Team kümmerte sich fortan um die ständig wechselende thematische Gestaltung der Zelle. In gemeinschaftlicher Arbeit wurde der Platz um die Zelle mit Natursteinen eingefasst und mit Blumen geschmückt – schließlich hatten die Bewohnerinnen und Bewohner schon zahlreiche Dorfwettbewerbe gewonnen und die Telefonzelle gehörte einfach dazu.

Wie viele Menschen passen in eine Telefonzelle?

In einer Telefonzelle ist der Platz bekanntlich begrenzt, die Grundfläche beträgt meist nur einen Quadratmeter. Eigentlich ist der Raum auf eine Person ausgelegt, schon bei zwei Personen wird es eng. Aber wie viele Menschen können sich maximal in ein Telefonhäus-

chen zwängen? Die Frage forderte immer wieder zu neuen Rekordversuchen heraus. Die »Netzzeitung« berichtete am 31. März 2007 von 16 Schottinnen, die sich in eine Telefonzelle quetschten. Zuvor lag der Weltrekord von Edinburgh bei 14 Personen, die sich 2003 in das rote Telefonhäuschen begeben hatten. Umstritten war der neue Weltrekord, weil einige der Schülerinnen wohl kleiner waren als beim Vergleichsrekord vier Jahre zuvor. Ausgewählt hatte man für den Rekord die Zelle im Dorf Pennan, die durch den Film »Local Hero« (GB 1983) weltberühmt geworden war. (Burt Lancaster spielte darin einen texanischen Ölmanager, der den Dorfbewohnern ihr Land für den Bau einer Raffinerie abschwatzen sollte und von der Telefonzelle aus seinen Auftraggeber auf dem Laufenden hielt.) Zehn Jahre nach diesem Rekord berichteten die »Westfälischen Nachrichten« am 27. Juli 2017 von einem neuen Weltrekordversuch. Der Vorstädter Schützenverein Burgsteinfurt hatte für die Wette eigens eine gelbe Telefonzelle aus Berlin besorgt. Am Ende pferchten sich 18 Personen in die Telefonzelle und beantragten einen Eintrag im Guinnessbuch der Rekorde.

Der kleinste Klub Berlins ist eine umfunktionierte Telefonzelle, die »Teledisko«, die sich im Szenebezirk Friedrichshain befindet (Bild S. 109). Nach Einwurf einer Münze kann man hier mit ein paar Freunden auf engstem Raum das volle

Programm genießen, mit Musik, Lichteffekten, Diskokugel und künstlichem Nebel. Die Bewegungsfreiheit ist etwas eingeschränkt, das Gemeinschaftserlebnis dafür umso größer. Dazu gibt es noch ein Erinnerungsfoto oder ein Video, das dieses außergewöhnliche Tanzerlebnis festhält. Nach der positiven Resonanz hat das Erfinderteam inzwischen mehrere Discozellen aufgestellt und will die Idee auch in andere Länder exportieren.

Beim Kurzfilmtag in Dresden warben die Veranstalter 2015 mit Telefonzellen, die zu Minikinos umgestaltet waren, für ihr Programm. In den Zellen waren Monitore montiert, auf denen eine kleine Auswahl der Kurzfilme zu sehen war.

Es soll nicht verschwiegen werden, dass Telefonzellen auch für andere Tätigkeiten zweckentfremdet wurden. Sie hatten nicht nur unter Vandalismus zu leiden, beim Betreten einer Telefonzelle konnten einem auch allerlei unangenehme Gerüche begegnen, vom kalten Zigarettenrauch bis zum Uringestank.

Tatsächlich fühlten sich einige Schülerinnen und Schüler beim Anblick einer Telefonzelle an die Dixi-Klos erinnert. Kurzerhand gestalteten sie 2012 im Rahmen des Kunstprojekts »Kiezzeichen« eine nicht mehr genutzte Zelle am Rande des Berliner Bezirks Prenzlauer Berg künstlerisch zum Plumpsklo um und erinnerten damit ungewollt an die Anfänge der Telefonhäuschen, die damals ebenfalls architektonische Parallelen zu den öffentlichen WC-Anlagen aufwiesen. Eine Plastikschüssel als Waschbecken, ein Spiegel aus Alufolie und eine Klopapierrolle – fertig war die Klozelle. Eine sinnvolle Umnutzung, schließlich – so der Gedanke der jungen Künstler – bräuchten die Menschen, die in der Stadt unterwegs seien, heute eher eine Klozelle als eine Telefonzelle. Tatsächlich fand diese Idee Nachahmer und Tüftler, die funktionstüchtige Klozellen herstellten.

Auch der Zigarettenqualm kann sich in manchen Telefonzellen wieder ungestört ausbreiten: Findige Kneipenbetreiber in Berlin haben damit auf die neuen Regeln zum Nichtraucherschutz reagiert, ausrangierte Telefonhäuschen in ihrem Lokal aufgestellt und diese kurzerhand zur Raucherzelle deklariert.

Eine saubere Sache hatte 2009 ein Berliner Designer im Sinn, der eine alte gelbe Telefonzelle in eine hochwertige Duschkabine verwandelte. LAB 612, ein internationales Kollektiv aus Designern, Architekten und Multimediakünstlern, wollte mit dem Projekt »Yellow Shower« nicht nur die alten Telefonhäuschen vor dem Aussterben bewahren, sondern entwickelte mit dem Umbau eine ressourcensparende Möglichkeit zur Nachnutzung alter Zellen. Auch diese Idee wurde von anderen aufgegriffen, die eine Telefonzelle zur Gartendusche umbauten oder eine öffentliche Telefonzellendusche zur Attraktion auf einem Musikfestival machten.

Eine konsequente Fortsetzung der Telefondusche war die komplette Flutung der Telefonzelle mit Wasser: Der Künstler Benedetto Bufalino wandelte auf diese Weise zusammen mit dem Lichtdesigner Benoit Deseille eine Telefonzelle in ein Aquarium um und präsentierte das von innen beleuchtete Kunstwerk erstmals 2007 auf dem Lyoner Lichterfestival (»Fête des lumières«) als Intervention im städtischen Alltag. Weitere Exemplare wurden in Biarritz (2009), Port Louis (2009), Gent (2011), Durham (2013) und Nantes (2016) installiert. Den umgekehrten Weg gingen ebenfalls 2007 die Mitglieder eines Unterwasserclubs im Schwarzwald. Sie installierten – nach Einholen zahlreicher Genehmigungen – eine alte, 200 Kilogramm schwere Telefonzelle in 17 Metern Tiefe auf dem Grund der Nagoldtalsperre, als Orientierungspunkt und Plattform für ihre Tauchübungen und neue Attraktion für Unterwassergäste.

Das Kollektiv OSKAr aus Chemnitz hat einen ehemaligen Telefonzellenraum in das »Büro für Zwischennutzung« umgewandelt und vergibt die Fläche zur freien kreativen Nutzung, maximal eine halbe Stunde – den Ideen sind keine Grenzen gesetzt. Entstanden ist das Projekt 2013 während des Kunst- und Kulturfestivals »Begehungen Chemnitz«. Eine andere Büroidee weist zurück auf die Anfänge der Telefonkabine, als die schalldichte Zelle das Gespräch in der lauten Umgebung der Börse oder des Hotels ermöglichen sollte. Im Zeitalter der flexiblen Großraumbüros wächst das Bedürfnis nach Bereichen, in denen man ohne allzu viele Hintergrundgeräusche – und ohne andere zu stören – telefonieren kann. Bürogestalter und Designer haben die Vorzüge der Telefonhauben oder -kabinen wiederentdeckt und diese in modernem Design in die Großraumbüros integriert. Die Modelle reichen von einfachen bunten Filzhauben bis zu attraktiven Holzdesignzellen mit Lüftung für mehrere Tausend Euro. Mit vielen Worten und eleganten Beschreibungen wird der Smartphonegeneration eine alte Idee neu verkauft.

Die Aufzählung der fantasievollen Einfälle zur Umnutzung oder Wiederentdeckung von Telefonzellen ließe sich noch weiter fortsetzen. Während in den Medien bisher vor allem vom Verschwinden der letzten Telefonzellen berichtet wurde, gibt es in jüngster Zeit auch Stimmen, die von einem unerwarteten Comeback der Telefonzelle schwärmen. Weltweit entdecken kreative Köpfe neue Nutzungsmöglichkeiten, sei es als Espressobar, Miniimbiss, Souvenirshop oder Kiosk.

Die einst genormten Funktionsbauten, die fast schon aus dem Stadtbild verschwunden waren, finden heute durch vielfältige Formen der Aneignung und Neugestaltung wieder Eingang in den Alltag. Eine Möglichkeit, die Erfordernisse der mobilen Gesellschaft mit der Behaglichkeit der alten Telefonzelle zu verbinden, entwickelte der bereits erwähnte Künstler Benedetto Bufalino 2017 mit der mobilen Telefonzelle (»La cabine téléphonique mobile«). Ob sich dieses visionäre Modell des Mobiltelefons im Straßenverkehr künftig durchsetzen wird, bleibt abzuwarten.

LITERATUR

Basse, Gerhard: 100 Jahre öffentlicher Fernsprechdienst in Deutschland, in: Archiv für deutsche Postgeschichte 11 (1981) H. 1, S. 124–157.

Baumann, Margret und Helmut Gold (Hg.): Mensch Telefon. Aspekte telefonischer Kommunikation, Heidelberg 2000.

Becker, Jörg (Hg.): Telefonieren. Hessische Blätter für Volks- und Kulturforschung N.F., Bd. 24, Marburg 1989.

Behme, Rolf u. a. (Hg.): Telefonzelle. Flüchtiger Ort der Worte, Dortmund 1998.

Behme, Rolf: Starkes Sprechbedürfnis. Die Entwicklung der

Telefonhäuschen, in: Rolf Behme u. a. (Hg.): Telefonzelle. Flüchtiger Ort der Worte, Dortmund 1998, S. 11–14.

Bernhardt, Manfred: Das Telefonhäuschen, in: Archiv für deutsche Postgeschichte 42 (1994) H. 2, S. 57–61.

Bösterling, Dirk: Münzfernsprecher. Eine Zusammenstellung der deutschen Münzfernsprecher von 1881 bis 2006, herausgegeben von der Sammler- und Interessen-Gemeinschaft für das historische Fernmeldewesen e. V., Bad Homburg vor der Höhe 2008.

Bräunlein, Jürgen und Bernd Flessner (Hg.): Der sprechende Knochen. Perspektiven von Telefonkulturen, Würzburg 2000.

Braun, Ottmar L. und Klaus Lange: Geschichten um das Telefon aus den neuen Bundesländern. Bürger diskutieren ihre Erfahrungen mit dem Telefon im privaten Alltag, Bad Honnef 1993.

Burkart, Günter: Handymania. Wie das Mobiltelefon unser Leben verändert hat, Frankfurt am Main 2007.

Detaille, Norbert: Delikte gegen Fernsprechhäuschen der Deutschen Bundespost unter besonderer Berücksichtigung der Phänomene des Vandalismus (Dissertation), Köln 1983.

100 Jahre Fernsprecher in Deutschland, Archiv für Postgeschichte (1977) H. 1, Sonderdruck, Frankfurt am Main 1977.

Flessner, Bernd: Vom Pavillon zum Basistelefon. Eine kurze Kulturgeschichte des Telefonhäuschens, in: Das Archiv. Magazin für Post- und Telekommunikation (2007) H. 1, S. 12–19.

Forschungsgruppe Telefonkommunikation (Hg.): Telefon und Kultur. Das Telefon im Spielfilm. Zusammengestellt und bearbeitet von Bernhard Debatin und Hans J. Wulff, Berlin 1991.

Genth, Renate und Joseph Hoppe: Telephon! Der Draht, an dem wir hängen, Berlin 1986.

Görtz, Franz Josef: Telefonieren. Kleine Geschichte der Passionen, München 1999.

Johannessen, Neil: Telephone Boxes, Princes Risborough 1994.

Kaufmann, Stefan: Telefon und Krieg – oder: Von der Macht der Liebe zur Schlacht ums Netz, in: Jürgen Bräunlein und Bernd Flessner (Hg.): Der sprechende Knochen. Perspektiven von Telefonkulturen, Würzburg 2000, S. 11–28.

Klemp, Klaus: Haste ma' 20 Pfennig? Die Telefonzelle – ein verschwindender Ort, in: Rolf Behme u. a. (Hg.): Telefonzelle. Flüchtiger Ort der Worte, Dortmund 1998, S. 5–9.

Lulaj, Esther: Nimm (nicht) ab! Zur Funktion des Telefons im Spielfilm. Von Metropolis bis Matrix, Stuttgart 2010.

Müller, Katharina und Christoph Gehrmann: Telefon und Dorffunk – dörfliche Mediennutzung in der DDR. Eine Untersuchung aus Beberstedt zu Medienwahl, Mediennutzung und Medienwandel, in: Eichsfeld-Jahrbuch 15 (2007), S. 225–238.

Müller, Thomas: Münzfernsprecher für Kuba und die Welt, in: Beiträge zur Geschichte aus Stadt und Kreis Nordhausen 33 (2008), S. 187–195.

Münker, Stefan und Alexander Roesler (Hg.): Telefonbuch: Beiträge zu einer Kulturgeschichte des Telefons, Frankfurt am Main 2000.

Nagel, Rudolf: Modernere Formen für Fernsprechhäuschen und Zeitungskioske!, in: Die Deutsche Post 2 (1957) H. 1/2, S. 21–23.

Öffentliche Fernsprecher. Kleine Reisenotizen – auch für Postämter, in: Die Deutsche Post 9 (1965) H. 7, S. 201–205.

Ruprecht, Uwe: Flüchtiger Ort der Worte. Telefonzelle und Passant, in: Rolf Behme u. a. (Hg.): Telefonzelle. Flüchtiger Ort der Worte, Dortmund 1998, S. 23–27.

Sältzer, Gerhard: Fernsprechhäuschen, Fernsprechzellen, Fernsprechhauben für öffentliche Münzfernsprecher, in: Unterrichtsblätter 34 (1981) Nr. 9, S. 317–333.

Schack, Martin und Michael Schreiner: Spurenbild »Ömünz«. Orte beginnen zu sprechen, in: Rolf Behme u. a. (Hg.): Telefonzelle. Flüchtiger Ort der Worte, Dortmund 1998, S. 21.

Schmitz, Theodor: Der Münzfernsprecher-Betrug, München Gladbach 1936.

Schönhammer, Rainer: Telefon-Design: Der Körper des Fernsprechers, in: Jürgen Bräunlein und Bernd Flessner (Hg.): Der sprechende Knochen. Perspektiven von Telefonkulturen, Würzburg 2000, S. 59–82.

Zelger, Sabine: »Das Pferd frißt keinen Gurkensalat«. Eine Kulturgeschichte des Telefonierens, Wien u. a. 1997.